几类带有食饵趋化项的捕食食饵系统动力学分析

徐雪　著

中国纺织出版社有限公司

图书在版编目（CIP）数据

几类带有食饵趋化项的捕食食饵系统动力学分析 / 徐雪著. --北京：中国纺织出版社有限公司，2021. 11
ISBN 978-7-5180-8966-6

Ⅰ. ①几… Ⅱ. ①徐… Ⅲ. ①生物生态学—生物数学—生物模型—系统动态学—研究 Ⅳ. ①Q141

中国版本图书馆 CIP 数据核字（2021）第 208282 号

责任编辑：郭婷　　责任校对：楼旭红　　责任印制：储志伟

中国纺织出版社有限公司出版发行
地址：北京市朝阳区百子湾东里 A407 号楼　邮政编码：100124
销售电话：010—67004422　传真：010—87155801
http：//www. c-textilep. com
中国纺织出版社天猫旗舰店
官方微博 http：//weibo. com/2119887771
三河市延风印装有限公司印刷　　各地新华书店经销
2021 年 11 月第 1 版第 1 次印刷
开本：710×1000　1/16　印张：11. 25
字数：200 千字　定价：46. 00 元

前言

古典的反应扩散模型描述了扩散过程基于物质在空间中的随机运动，但是由于一些化学信号的吸引成了排斥作用，物种可能向特定的方向运动，这种现象被称作趋化性（chemotaxis）。这种趋化性使得自然界形成多样的斑图（pattern），从而构成了丰富多彩的世界。1952 年图灵（Turing）提出的反应扩散方程组成功地解释了斑图现象的产生机理，也称图灵模式。从数学上讲，当参数发生变化时常数平衡解的稳定性发生变化，由稳定变为不稳定并且产生空间非齐次的非常数平衡解的过程，我们称为图灵模式，也称由扩散诱发的不稳定性。由于趋化性对解释大量生物现象起着关键性的作用而引起了大量学者的广泛兴趣。趋化性通常又表现为向刺激物质浓度增长的地方靠近或者远离，我们称前者为吸引趋化性（attractive chemotaxis），后者为排斥趋化性（repulsive chemotaxis）。趋化性的机理已广泛应用于生活中，例如诱杀害虫、感染病菌的机理研究、微生物的培养、治疗伤口等。通过理论和实验观察趋化生的形态生成现象展现了丰富多彩的结构，包括聚集、在有限时间爆破、状斑点（spot pattern）、尖峰状（spike）、条纹状、环状等。由于趋化性的原理机制、模拟具体系统以及数学解释的不同，大量不同形式的趋化模型产生。在生态学中趋化性也是常见的，例如动物寻找食物、远离捕食者或者吸引异性等。而在复杂的生态系统中，捕食—食饵的相互作用是最重要的模块之一，由于在自然界中广泛的存在性及重要性，捕食—食饵系统一直是生态学自己和生物学界关注的重要内容，它已在各种背景和各种形式下得到了广泛研究。此外，捕食—食饵常（偏）微分方程组在数值上展示的丰富动力学现象，包括混沌的出现，也是具有挑战性的数学问题，这些方程组的研究将继续推动微分方程理论的发展。

数学上，带趋化项的反应扩散方程的动力性质可以看作由 Laplace 算子决定的稳定因子和由趋化项决定的不稳定因子之间的一种博弈。若趋化效应不太明显，则相应的系统显示更多的是通常的反应扩散方程的基本动力性质。一旦趋化效应表现显著，则由反应扩散方程决定的动力性质将会发生根本变化，从而系统呈现丰富多彩的模式生成。

趋化性是物对环境中的化学信号进行检测以及响应然后出的化学敏感运动的现象。依据生物对化学信号的靠近还是远离，可将趋化作用分为吸引的或者是排斥的，生物聚集是趋化现象的一个特征，在空间捕食的活动中，除了捕食和食饵的随机运动外，同时还存在着趋化现象，即捕食种种群密度的时空变化也受食饵种群度的影响。很多医学、工程、物理学、化学、生物学中的一些过程都可以用某些非线性反应扩散方程或非线性脉冲方程作为数学模型加以刻划。在空间的捕食活动中，除了捕食者和食饵的随机运动外，捕食者还会向食饵密度大的地方聚集（或者食饵还会向捕食者密度大的反方向聚集），这种现象称为食饵趋化（或者捕食者趋化）。与化学趋化比较，捕食—食饵扩散系统的趋化问题研究还处于起步阶段。因此研究带趋化的捕食—食饵模型是很有必要的，而且更具现实意义。本书主要研究了几类带食饵趋化项的捕食—食饵模型的动力学性质，我们得到了全局解的存在性、有界性及稳定性。具体包括以下几方面工作：

1. 研究了在光滑有界区域中，在齐次 Neumann 边界条件下带有食饵—趋化的四种群捕食—食饵扩散模型，其中两类捕食者竞争、两类食饵。我们证明了在一般的食饵趋化的条件下，系统非负解的全局存在性和一致有界性，这个结果涵盖并且推进了已有的食饵趋化模型有界解的结论，同时将其应用在一个古典的两种群捕食—食饵趋化模型中。

2. 研究了在齐次 Neumann 边界条件下带有食饵—趋化的三种群捕食—食饵扩散模型：①两类捕食者是合作关系且均被食饵吸引；②两类捕食者竞争一类食饵，食饵被消耗且不可再生。我们得到了系统非负解的全局存在性和一致有界性，同时研究了食饵趋化对系统动力学性质的影响：当食饵趋化敏感系数较小时，系统的正平衡解的稳定性没有受到影响，但是当食饵趋化敏感系数较大时，正平衡解不再稳定，系统出现非常数的时空模式。

3. 研究了在齐次 Neumann 边界条件下一般三种群捕食—食饵扩散趋化模型的分歧问题：利用 Grandall-Rabinowitz 分歧定理，以食饵趋化敏感系数（或者捕食者趋化敏感系数）为参数，我们分析了系统在正常数平衡解处的稳态分歧解，得到系统产生非常数正稳态解的食饵趋化敏感系数（或者捕食者趋化敏感系数）分歧值，进而表明带有两个食饵趋化三种群系统的丰富动力学性质。同时我们研究了二阶带时标的非线性奇异动力方程边值问题的正解。利用混合单调不动点定理，得到了正解的存在性和唯一性。其中方程的非线性项可能是奇异的，并举例说明相应的结果。

这些结果不仅能丰富趋化捕食—食饵系统的动力学行为，而且为一些已有的食饵趋化会减少捕食—食饵系统形态生成的数值结果提供理论依据。

目录

第1章

绪论

1.1 课题的研究背景及意义

种群之间的相互作用和物种的进化是生态学和生物学中非常重要的行为[1-3]。用数学模型，特别是微分方程研究这种行为是了解物种乃至大自然的强有力的理论工具[4-6]。入侵物种的传播是生态学中的一个重要研究分支，在环境治理和动植物保护方面有着重要应用[7,8]。利用偏微分方程模型来研究入侵物种的蔓延（传播）最早且最普遍的方法是采用反应扩散方程（组）的行波解。1937 年 Fisher、Kolmogorov、Petrovsky 和 Piskunov 同时发现 Logistic 型方程

$$u_t - du_{xx} = au - bu^2,\ t>0,\ x \in (-\infty,\ \infty) \tag{1-1}$$

的波前解，并用于刻画物种（基因）的传播，他们证明了 $C_0 = 2ad$ 是最小传播速度。

但是用行波解刻画物种的蔓延有明显的缺陷。这是因为入侵物种不可能瞬时遍布整个空间，即不具有无限传播速度，而方程（1-1）具有无限传播性质：只要初值非负且不等于零，当时间 $t>0$ 时就有 $u(x,t)>0$。另外，入侵物种是否能够成功蔓延取决于初始时刻的种群密度和初始栖息地的大小[9-12]。为了克服这些困难，Du 和 Lin 在文献自由边界扩散 logistic 模型中的扩散—消失二分法[13]中建立了 Logistic 型方程的自由边界模型来描述入侵物种的蔓延和消失，并给出了蔓延—消失的二择性质，以及蔓延准则和自由边界的速度。自这篇开创性的论文发表后，有越来越多的科研工作者开始关注并运用带有自由边界的模型来研

究物种的蔓延和传播[14-18]。

上述的扩散过程基于物质在空间中的随机运动，但是由于一些化学信号的吸引成了排斥作用，物种可能向特定的方向运动，这种现象被称作趋化性（chemotaxis）[20]。这种趋化性使得自然界形成多样的斑图（pattern），从而构成了丰富多彩的世界。1952年图灵（Turing）在《形态形成的化学基础》[19]中提出的反应扩散方程组成功地解释了斑图现象的产生机理，也称图灵模式。从数学上讲，当参数发生变化时常数平衡解的稳定性发生变化，由稳定变为不稳定并且产生空间非齐次的非常数平衡解的过程，我们称为图灵模式，也称由扩散诱发的不稳定性。由于趋化性对解释大量生物现象起着关键性的作用而引起了大量学者的广泛兴趣。趋化性通常又表现为向刺激物质浓度增长的地方靠近或者远离，我们称前者为吸引趋化性（attractive chemotaxis），后者为排斥趋化性（repulsive chemotaxis）。趋化性的机理已广泛地应用于生活中，例如诱杀害虫、感染病菌的机理、微生物的培养、治疗伤口等。通过理论和实验观察趋化性的形态生成现象展现了丰富多彩的结构，包括聚集、在有限时间爆破状、斑点（spot pattern）、尖峰状（spike）、条纹状、环状等。由于趋化性的原理机制，模拟具体系统以及数学解释的不同，产生了大量不同形式的趋化模型。最早的趋化模型是由Keller和Segel在1970年提出的Keller-Segel模型。黏菌聚集作为一个不稳定的开始，它属于吸引趋化模型，该模型最为显著的特征是解可能在有限时间内爆破，并借此解释了一些生物现象。在生态学中趋化性也是常见的，例如寻找食物、远离捕食者或者动物吸引异性等。而在复杂的生态系统中，捕食—食饵的相互作用是最重要的模块之一，由于在自然界中广泛的存在性及重要性，捕食—食饵系统一直是生态学自己和生物学界关注的重要内容，它已在各种背景和各种形式下得到了广泛研究[21-34]。此外，捕食—食饵常（偏）微分方程组在数值上展示的丰富动力学现象，包括混沌的出现，也是具有挑战性的数学问题，这些方程组的研究也将继续推动微分方程理论的发展。

数学上，带趋化项的反应扩散方程的动力性质，可以看作由 Laplace 算子决定的稳定因子和由趋化项决定的不稳定因子之间的一种博弈。若趋化效应不太明显，则相应的系统显示更多的是通常的反应扩散方程的基本动力性质。一旦趋化效应表现显著，则由反应扩散方程决定的动力性质将会发生根本变化，从而系统呈现出丰富多彩的模式生成。

趋化现象的研究具有较长的历史。1881 年 Engelmann 和随后 1884 年以及 1906 年 Jennings 在纤毛虫群的迁移里，都观察到现在被命名为趋化性的现象。到 1930 年，趋化性已广泛应用于生物学及临床病理学上。1960 年和 1970 年间，随着现代分子生物学和生物化学的发展，科学家们已经能够对移动反应细胞（migratory responder cells）和亚细胞（subcelluar fractions）的化学趋化现象进行深入的研究。现在，科学家们已经谈起所谓的“人工智能趋化系统”，它们在生物或医学等科学领域将有巨大的应用。这些系统的建立，将需要数学家们提供的理论依据。

1.2 课题的研究现状

化学趋化（简称趋化）模型的奠基性工作是 1970 年 Keller 和 Segel 提出的反应扩散方程组，称为 K-S 模型[20]，它用来描述盘杆菌中黏液霉菌形成的聚集过程：

$$
\begin{cases}
\dfrac{\partial u}{\partial t} = d_1\Delta u - \chi \nabla(u\nabla v), & x \in \Omega,\ t > 0 \\
\dfrac{\partial v}{\partial t} = d_2\Delta v - v + u, & x \in \Omega,\ t > 0 \\
\dfrac{\partial u}{\partial n} = \dfrac{\partial v}{\partial n} = 0, & x \in \partial\Omega,\ t > 0 \\
u(x,\ 0) = u_0(x), \quad v(x,\ 0) = v_0(x), & x \in \Omega
\end{cases}
\tag{1-2}
$$

这里 u 是细胞浓度，v 是化学信号浓度。K-S 模型由于其结构简单以及能够模拟趋化性的聚集现象而被广泛关注和研究。K-S 模型的解的全局存在性或者解的爆破依赖于空间的维数、几何构成和初值，文献［35］表明一维空间区域所有解都是全局存在的。而当 $N \geqslant 2$ 时，很多学者则在解的全局存在性、有界性、爆破性方面做了相关的奠基性工作。文献[36 – 38]得到了解在有限时间内可能爆破，此外，他们还得到了保证解的全局存在性和有界性的条件。这些结果的取得本质上是因为经典K-S 模型是能量耗散的，而这不再适用于细胞具有内禀增长的问题。

因此，很多学者发展了新的方法研究具有各种非线性扩散或非线性趋化函数的 K-S 修正模型，例如：

$$
\begin{cases}
\dfrac{\partial u}{\partial t} = \Delta u - \chi \nabla(u\nabla u) + f(u), & x \in \Omega,\ t > 0 \\
\tau\dfrac{\partial v}{\partial t} = \Delta v - v + u, & x \in \Omega,\ t > 0 \\
\dfrac{\partial u}{\partial n} = \dfrac{\partial v}{\partial n} = 0, & x \in \partial\Omega,\ t > 0 \\
u(x,\ 0) = u_0(x), \quad \tau v(x,\ 0) = \tau v_0(x), & x \in \Omega
\end{cases}
\tag{1-3}
$$

文献《趋化系统的大振幅平稳解》[39]将其化简成单个的方程，应用局部和全局分歧定理得到了空间非齐次的稳态解。文献《吸引—排斥kellersegel 系统的模式形成》[40]及文献《具有逻辑斯谛的容积灌注趋化模型的平稳解及其稳定性》[41]直接对方程组（1-3）（而不是转化成单个方程）应用全局分歧定理得到了稳态解的存在性、稳定性及周期解的存在性。

与上述化学趋化问题的丰富结果相比，捕食—食饵系统趋化问题的研究还处于起步阶段。Kareiva 和 Odell[42]在 1987 年提出了第一个食饵趋化（prey-taxis）反应扩散方程组。这样的模型描述了捕食者会向食饵密度高的地方聚集，从而可以更有效地找到食饵。与随机扩散过程会加强形态生成相反，食饵趋化的引入会减少形态生成的可能性，从而增加了捕食—食饵系统的稳定性[43]。这与化学趋化使分子更易聚集的结果[44]是相反的，因此趋化的角色强烈地依赖于物质的局部变化原理。

此外，当食饵满足 Logistic 型增长时，文献《捕食—趋化系统的全局稳定性》[44]研究了食饵趋化多维解的全局有界性、持久性、全局吸引及稳态解分歧；当食饵满足 Allee 效应增长时，文献《捕食—趋化系统的全局稳定性》[44]用数值模拟的方法得到食饵趋化系统在不同反应功能函数限制下的形态生成，但是还没有相关的严格数学结果。本文的理论分析结果（见第 2 章和第 3 章）可以应用到这种 Allee 效应增长情况。

自然地，食饵也会调整相对位置，以减少被捕获的风险[45-49]，这种食饵对捕食者逃离的趋化称为捕食者趋化（predator-taxis），目前这方面的数学结果还很少。因此，不管从生物学角度还是数学角度，食饵趋化/捕食者趋化对捕食—食饵扩散动力学性质的影响都是非常重要且有意义的。特别地，正的共存稳态解所呈现出的空间模式，正如文献

《趋化模式下的时空混沌、连续行波捕食—趋向性》[45]、《反应扩散系统模拟具有捕食—趋向性的捕食—被捕食系统》、《具有食饵趋向性的反应扩散捕食模型解的整体有界性》[50]、《一类非线性捕食—被捕食模型古典解的整体存在性》[51]、《一类具有捕食—趋向性的捕食—被捕食模型解的全局分支》[52]中所呈现出的数值模拟结果，食饵趋化有着更为丰富的时空动力学行为。

用来描述食饵趋化的数学模型及理论分析，在过去的几十年里得到了迅速的发展。从数学观点来说，种群的定向运动可以用对流（advection）或者带有食饵梯度项的交错扩散来描述。为了阐明和解释区域限制性的寻找食物确实会产生捕食者的聚集，Kareivo 和 Odell 在《如果个体捕食者使用区域重新严格搜索，捕食群就会呈现“前轴”》[42]中提出了带有空间异质扩散和对流项的偏微分方程组。此后，学者们研究了各种各样的带有食饵趋化的反应扩散系统的动力学性质。特别地，2015年王小利等人在《一类具有食饵趋性的捕食者—食饵模型解的全局分支》[54]、2016年吴赛楠等人在《具食饵趋性的扩散捕食—食饵模型解的全局存在性和一致持久性》[55]中研究了更一般形式的食饵—趋化系统：

$$\begin{cases}\dfrac{\partial u}{\partial t}=\Delta u-\chi\nabla\cdot(q(u)\nabla v)+c\varphi(u,v)-g(u), & x\in\Omega,t>0\\[2ex]\dfrac{\partial v}{\partial t}=d\Delta v+f(v)-\varphi(u,v), & x\in\Omega,t>0\\[2ex]\dfrac{\partial u}{\partial n}=\dfrac{\partial v}{\partial n}=0, & x\in\partial\Omega,t>0\\[2ex]u(x,0)=u_0(x)\geqslant 0,v(x,0)=v_0(x)\geqslant 0, & x\in\Omega,t>0\end{cases}\tag{1-4}$$

这里 $\varphi(u,v)$，$g(u)$，$f(v)$ 分别表示极具代表性的反应功能函数

(例 Holling Ⅱ，Ⅲ)，捕食者的死亡率（例如线性及二次形式）及食饵的增长函数（例如 Logistic 增长，Allee 效应增长)。利用系统半群理论动力系统方法，作者们得到了系统（1-4）弱解和古典解的存在性、有界性及持久性。此后，文献《一维食饵趋性系统的非定常正稳态与模式形成》[56] 在 2017 年进一步详细刻画了在一维空间区域内，系统(1-4)的稳态分歧解及非常数正稳态解的存在性及稳定性。

文献《趋化模型中的时空混沌》[45]、《猎物滑行的连续行波》[50]、《具有捕食趋性的捕食—被捕食反应扩散系统模型》[51]、《具有食饵滑行的捕食者—食饵模型反应扩散系统解的全局有界性》[52]、《一类具有非线性食饵趋性的捕食者—食饵模型经典解的全局存在性[53]、《一类具有食饵趋性的捕食者—食饵模型解的全局分支》[54]则着重于系统解的全局存在性、模式生成、行波解及分歧分析。具有交错扩散的捕食—食饵系统在文献《具有交叉扩散的食饵—捕食者系统稳态解的稳定性》[57]、《具有交叉扩散的食饵—捕食者系统的多重共存态》[58]、《具有扩散和交叉扩散的 Holling-Tanner 捕食模型的平稳模式》[59]、《具有非线性扩散效应的 Holling-Tanner 捕食—被捕食模型的空间格局》[60]、《具有 Holling Ⅱ 型功能反应和密度依赖扩散的 Leslie-Gower 捕食—被捕食模型的正稳态解》[61] 也得到了深入的研究，包括非常数正稳态解的存在性/不存在性及稳定性。

自然地，三种群的捕食—食饵系统更具有现实意义，包括两类捕食者一类食饵或者一类捕食者和两类食饵。这方面的随机扩散系统近年来得到广泛的研究并且展示出三种群系统丰富的动力学性质，参见文献《反应扩散型 Dystems 的持续性：两个捕食者和一个猎物的相互作用》[62]、《两个捕食者一个食饵模型的全局动力学和商解》[63]、《竞争与化学计量学：两个捕食者在一个前驱体上共存》[64]、《两捕食—被捕食模型的种群动力学》[65]、《竞争与化学计量：两种捕食动物在一个猎物上的共存》[66]、《反应扩散系统中的持久性：两种捕食者和一个猎物的相互作用》[67]、《两种捕食动物和一种前掠食动物模型中物种的动力学》[68]。但是对于带有食饵趋化的三种群捕食—食饵扩散系统的理论结果还很少。一个典型的例子是如下具有两个食饵趋化的系统：

$$\begin{cases} \dfrac{\partial u_1}{\partial t} = d_1\Delta u_1 - \chi_1 \nabla(q(u_1)\nabla u_3) + u_1\left(-1 + \dfrac{u_2u_3}{u_1 + u_2}\right), & x \in \Omega, t > 0 \\ \dfrac{\partial u_2}{\partial t} = d_2\Delta u_2 - \chi_2 \nabla(q(u_2)\nabla u_3) + u_2\left(-\alpha + \dfrac{\beta u_1u_3}{u_1 + u_2}\right), & x \in \Omega, t > 0 \\ \dfrac{\partial u_3}{\partial t} = d_3\Delta u_3 + u_3\left(\gamma - u_3 - \dfrac{(1+\beta)u_1u_2}{u_1 + u_2}\right), & x \in \Omega, t > 0 \\ \dfrac{\partial u_1}{\partial n} = \dfrac{\partial u_2}{\partial n} = \dfrac{\partial u_3}{\partial n} = 0, & x \in \partial\Omega \\ u_i(x,0) = u_{i0}(x) \geqslant 0, & x \in \Omega, i = 1,2,3 \end{cases} \tag{1-5}$$

在文献《具有两个食饵趋性的三种群捕食—被捕食模型经典解的整体存在性》[69]里，作者刻画了系统（1-5）弱解及古典解的存在性。

带时标动力方程理论是差分方程和微分方程的统一。过去几年里，许多学者用了许多经典工具研究了时间的动力方程边值问题。参见文献[70 - 85]，其中包括度理论[80, 81]、上下解方法[76, 79]、不动点定理[70 - 74, 78, 82 - 85]。最近，很多学者研究了时间多点边值问题，参见文献[73, 74, 81]。

2008 年，文献《时间尺度上二阶动力方程 M 点边值问题的正解》[74]研究了如下二阶带时标的动力方程 m 点边值问题：

$$\begin{cases} u^{\Delta\nabla}(t)+f(t,u)=0,\ t\in(0,T)\in T \\ u(0)=0,\ u(T)=\sum_{i=1}^{m-2}k_i u(\xi_i) \end{cases} \tag{1-6}$$

这里 T 是一个时标。利用格林函数和锥上 Leggett-Williams 不动点定理得到了至少三个正解的存在性。

2009 年，Topal 和 Yantir[73] 研究了广义的二阶非线性 m 点边值问题：

$$\begin{cases} u^{\Delta\nabla}(t)+a(t)u^{\Delta}(t)+b(t)u(t)+\lambda h(t)f(t,u(t))=0,\ t\in(0,1) \\ u(\rho(0))=0,\ u(\sigma(1))=\sum_{i=1}^{m-2}\alpha_i u(\eta_i) \end{cases} \tag{1-7}$$

通过讨论值 λ 情况，利用 Krasnosel' skii 和 Legget-William 不动点定理得到了正解的多重性。

因为带时标的动力方程可以模拟动力理论、物理、化学、人口动力学、生物科技、工业机器人、最优控制等领域出现的现象和过程，因此最近几年，脉冲微分方程成为热门领域。

1.3 本书的主要工作

本书主要研究几类带有食饵趋化的捕食—食饵模型，给出了这几类模型解的全局存在性、有界性及以趋化系统为参数的分歧分析，特别刻画了食饵趋化对系统动力学性质的影响，具体内容如下：

（1）第 2 章，我们研究了四种群捕食—食饵模型如式（1-8）

所示：

$$
\begin{cases}
\dfrac{\partial u_1}{\partial t} = d_1\Delta u_1 + g_1(u_1,u_2,v_1,v_2), & x\in\Omega,t>0\\
\dfrac{\partial u_2}{\partial t} = d_2\Delta u_2 + g_2(u_1,u_2,v_1,v_2), & x\in\Omega,t>0\\
\dfrac{\partial v_1}{\partial t} = d'_1\Delta v_1 - \nabla\cdot\left(\sum_{j=1}^{2} q_{1j}(v_1)\nabla u_j\right) + h_1(u_1,u_2,v_1,v_2), & x\in\Omega,t>0\\
\dfrac{\partial v_2}{\partial t} = d'_2\Delta v_2 - \nabla\cdot\left(\sum_{j=1}^{2} q_{2j}(v_2)\nabla u_j\right) + h_2(u_1,u_2,v_1,v_2), & x\in\Omega,t>0\\
\dfrac{\partial u_1}{\partial n} = \dfrac{\partial u_2}{\partial n} = \dfrac{\partial v_1}{\partial n} = \dfrac{\partial v_2}{\partial n} = 0, x\in\partial\Omega, t>0, & \\
u_i(x,0) = u_{i0}(x)\geqslant 0, v_i(x,0) = v_{i0}(x)\geqslant 0\quad (i=1,2) & x\in\Omega.
\end{cases}
\tag{1-8}
$$

系统（1-8）含有两个食饵种群和两个捕食者种群。其中 u_1，u_2是双食饵在时间 t 和 x 处的密度函数，而 v_1，v_2则是双捕食者的相应密度函数；栖息地 $\Omega\subset\mathbb{R}^N$（$N\geqslant 1$）是具有光滑边界的有界区域，齐次 Neumann 边界条件表明系统是封闭的，与外界无通量，n 表示单位外法向量；d_1，d_2和 d'_1，d'_2 分别表示两类食饵和两类捕食者的随机运动扩散系数，这种随机运动是由拉普拉斯算子 Δ 所表示；我们假设它们均为严格正的常数。

从生物学上讲，食饵和捕食者的增长率分别由 g_i（u_1，u_2，v_1，v_2）和 h_i（u_1，u_2，v_1，v_2）表示。此外，捕食者 v_1和 v_2的运动还具有方向性，它们会朝向食饵 u_1和 u_2增加的方向移动，并且运动的强度和捕食者 v_1，v_2自身的密度有关，我们用$-\nabla(q_{ij}(v_i)\nabla u_j)$来表示这种食饵趋化运动。

系统（1-6）涵盖了诸多已知的模型，参见文献《一类具有非线性食饵趋性的捕食者—食饵模型经典解的全局存在性》[53]、《具食饵趋性的扩散捕食—食饵模型解的整体存在性和一致持久性》[55]、《具有两个食饵趋性的三种群捕食—被捕食模型经典解的整体存在性》[69]、《具有食饵趋性的捕食者—食饵模型的稳态》[86]、《具有扩散和间接捕食的捕食者—食饵模型》[87]、《具有食饵趋性和扩散性的捕食者—食饵模型》[88]、《具有食饵趋性和经典 Lotka-Volterra 动力学的扩散捕食者—食饵模型的全局动力学》[89]。

我们设置的第一个条件是关于系统（1-8）的解的存在性的。

（H1：解存在性条件）每个 g_i，h_i：$\mathbb{R}_+^4 \to \mathbb{R}$ 都是连续可微函数，且对于任意$(u_1, u_2, v_1, v_2) \in \mathbb{R}_+^4$均成立

$$
\begin{aligned}
&g_1(0, u_2, v_1, v_2) \geqslant 0, \quad g_2(u_1, 0, v_1, v_2) \geqslant 0 \\
&h_1(u_1, u_2, 0, v_2) \geqslant 0, \quad h_2(u_1, u_2,, v_1, 0) \geqslant 0
\end{aligned}
\tag{1-9}
$$

此外，存在一个非负常数向量 $K_0 \in \mathbb{R}_+^4$，$K_0 \geqslant 0$，使得对于任意$(u_1, u_2, v_1, v_2) \in \mathbb{R}_+^4$均成立

$$
\text{若 } u_i \geqslant (K_0)_i \ (i=1, 2)\text{，则 } g_i(u_1, u_2, v_1, v_2) \leqslant 0 \tag{1-10}
$$

关于食饵、捕食者及趋化效应的增长限制，我们设置的条件将有如下一般形式：

（H2：食饵捕食者增长限制条件）存在非负常数组 $\{(\beta_i, \gamma_i), i=1, 2\}$，具有如下性质之一：

(i)对任意 $L > 0$ 均存在两个常数 $C_k \geqslant 0$（$k=1, 2$），$C_2>0$，使得对于所有的 $0 \leqslant u_1, u_2 \leqslant L$ 和 $v_1, v_2 \geqslant 0$ 均成立不等式

$$
\begin{aligned}
&\sum_{i=1}^{2} \left| g_i(u_1, u_2, v_1, v_2) \right| \leqslant C_1(1 + v_1^{\beta_1} + v_2^{\beta_2}), \\
&h_j(u_1, u_2, v_1, v_2) \leqslant C_1 - C_2 v_j^{\gamma_j} \quad (1 \leqslant j \leqslant 2)
\end{aligned}
\tag{1-11}
$$

(ii)对任意 $L>0$ 均存在两个常数 $C_k\geqslant 0$（$k=1$，2）使得对于所有的 $0\leqslant u_1$，$u_2\leqslant L$ 和 v_1，$v_2\geqslant 0$ 均成立不等式

$$\sum_{i=1}^{2}\left|g_i(u_1,\ u_2,\ v_1,\ v_2)\right|\leqslant C_1(1+v_1^{\beta_1}+v_2^{\beta_2}),\qquad (1-12)$$
$$\left|h_j(u_1,\ u_2,\ v_1,\ v_2)\right|\leqslant C_1+C_2v_j^{\gamma_j}\quad (1\leqslant j\leqslant 2)$$

（H3：趋化效应限制条件）每个 q_{ij}：$\mathbb{R}_+\to\mathbb{R}$ 都是连续可微函数且满足 q_{ij}（0）= 0。

此外，存在正常数 $C_q\geqslant 0$ 和非负常数组$\{\alpha_i$：$i=1$，$2\}$，使得

$$\alpha_i\leqslant 1,\ \sum_{j=1}^{2}\left|q_{ij}(z)\right|\leqslant C_q(1+z^{\alpha_i}),\ \forall z\geqslant 0,\ i=1,\ 2\quad (1-13)$$

粗略看来，条件（H2）和（H3）涉及的非负常数组$\{(\alpha_i,\ \beta_i,\ \gamma_i),\ i=1,\ 2\}$的功用，均在于控制捕食者的增长模式。具体说来：

①γ 量控制捕食者自身的生长模式。

②β 量控制捕食者在食饵群里的生长模式。

③α 量控制捕食者的趋化效应。

定理 1.1（全局存在和一致有界性）　假设条件（H1），（H3）成立，且如下条件(i)或(ii)之一被满足：

(i)（H2）-(i) 成立，且

$$\alpha_i+\beta_i<(\gamma_i+1)/2\quad (i=1,\ 2)\qquad (1-14)$$

(ii) $\|v_1+v_2\|_1$ 是一致有界的，即存在常数 $L>0$ 使得

$$\|v_1(t)+v_2(t)\|_1\leqslant L\quad,\ \forall t\geqslant 0\qquad (1-15)$$

此外，非负常数组$\{(\alpha_i,\ \beta_i,\ \gamma_i),\ i=1,\ 2\}$满足如下关系：

$$\alpha_i+\beta_i<\max\{1/(N-1),\ (\gamma_i+1)/2\}\quad (i=1,\ 2)\qquad (1-16)$$

最后，或者（H2）-(i) 成立，或者（H2）-(ii)成立且有 $\gamma_i=1$（$i=$

1，2)，则存在一个满足如下性质的连续函数 $C(\cdot)$：

设 $0\leqslant(u_{10}, u_{20}, v_{10}, v_{20})\in W^{1,p}(\Omega)^4$，其中 $p>N$，则系统（1-8）有一个唯一的非负古典且全局的解

$$0\leqslant(u_1, u_2, v_1, v_2)\in C([0,\infty); W^{1,p}(\Omega)\cap C^{2,1}(\overline{\Omega}\times(0,\infty)))^4 \tag{1-17}$$

使得对于任意的 $\tau>0$ 均有

$$\|(u_1(t), u_2(t))\|_{1,\infty}+\|v_1(t)+v_2(t)\|_{\infty}\leqslant C(M(\tau)) \tag{1-18}$$

其中

$$\begin{aligned}M(\tau):=&\|K_0+(u_{10}, u_{20})+(v_{10}, v_{20})\|_{\infty}+\|v_1(\tau)+v_2(\tau)\|_{\infty}+\\&+\|(A+1)^{\theta}(u_1(\tau), u_2(\tau))\|_{k}\end{aligned} \tag{1-19}$$

此外，$k>N$ 和 $\theta\in((1+N/k)/2, 1)$ 是常数。此外，

$$Au:=-\Delta u \quad \forall u\in D(A):=\left\{w\in W^{2,p}(\Omega): \frac{\partial w}{\partial n}(x)=0, \forall x\in\partial\Omega\right\} \tag{1-20}$$

这个主要定理，将应用于后面几章里讨论的特殊模型。这些特殊模型，可以通过假定上述一般模型（1-8）里的第二个食饵分量（或和第二个捕食者分量）退化为平凡分量获得。比如，假定 $u_2=0$ 和 $v_2=0$，则我们就获得古典的带食饵趋化的捕食—食饵扩散模型。特别应注意的是，当 $N=1$ 时，条件（1-16）总是被满足的；这表明，在一维情况下，系统（1-8）都会具有全局的一致有界解。我们将结果应用到古典的带食饵趋化的两种群捕食—食饵扩散模型，其形式如下：

$$
\begin{cases}
\dfrac{\partial u}{\partial t}=d_1\Delta u+g(u,v), & x\in\Omega,t>0\\
\dfrac{\partial v}{\partial t}=d_2\Delta v-\nabla\cdot(q(v)\nabla u)+h(u,v), & x\in\Omega,t>0\\
\dfrac{\partial u}{\partial n}=\dfrac{\partial v}{\partial n}=0, & x\in\partial\Omega,t>0\\
u(x,0)=u_0(x)\geqslant 0, v(x,0)=v_0(x)\geqslant 0 & x\in\Omega
\end{cases}
\tag{1-21}
$$

关于食饵捕食者及趋化效应的增长限制，我们设置的条件如下：

（H1：解存在性条件）每个 g，h：$\mathbb{R}_+^2\to\mathbb{R}$ 都是连续可微函数，且对于任意（u，v）$\in\mathbb{R}_+^2$均成立

$$g(0, v)\geqslant 0,\ h(u, 0)\geqslant 0 \tag{1-22}$$

此外，存在一个非负常数向量 $K_0\in\mathbb{R}_+^2$，$K_0\geqslant 0$，使得对于任意（u，v）$\in\mathbb{R}_+^2$均成立

$$
\begin{aligned}
&g(u, v)\leqslant 0,\ 若\ u\geqslant (K_0)_1\\
&h(u, v)\leqslant 0,\ 若\ v\geqslant (K_0)_2
\end{aligned}
\tag{1-23}
$$

（H2：食饵捕食者增长限制条件）存在非负常数 $\beta\geqslant 0$，$\gamma\geqslant 0$，具有如下性质之一：

(i)对任意 $L>0$ 均存在两个常数 $C_k\geqslant 0$（$k=1$，2），$C_2>0$，使得对于所有的 $0\leqslant u\leqslant L$ 和 $v\geqslant 0$ 均成立不等式

$$|g(u, v)|\leqslant C_1(1+v^{\beta}),\ h(u, v)\leqslant C_1-C_2v^{\gamma} \tag{1-24}$$

(ii)对任意 $L>0$ 均存在两个常数 $C_k\geqslant 0$（$k=1$，2），使得对于所有的 $0\leqslant u\leqslant L$ 和 $v\geqslant 0$ 均成立不等式

$$|g(u, v)|\leqslant C_1(1+v^{\beta}),\ h(u, v)\leqslant C_1+C_2v^{\gamma} \tag{1-25}$$

（H3：趋化效应限制条件）q：$\mathbb{R}_+\to\mathbb{R}$ 是连续可微函数且满足 $q(0)=0$。此外，存在正常数 $C_q\geqslant 0$ 和非负常数 α，使得

$$\alpha\leqslant 1,\ |q(z)|\leqslant C_q(1+z^{\alpha}),\ \forall z\geqslant 0 \tag{1-26}$$

作为上述一般定理 1.1 的直接推论，我们有下面的定理 1.2。

定理 1.2（全局存在和一致有界性）假设条件（H1），（H3）成立，且如下条件(i)或(ii)之一被满足：

(i)（H2）-(i)成立，且

$$\alpha+\beta<(\gamma+1)/2 \tag{1-27}$$

(ii) $||v||_1$ 是一致有界的，即存在常数 $L>0$ 使得

$$||v(t)||_1\leqslant L,\ \forall t\geqslant 0 \tag{1-28}$$

此外，非负常数组（α，β，γ）满足如下关系：

$$\alpha+\beta<\max\{1/(N-1),\ (\gamma+1)/2\} \tag{1-29}$$

最后，或者（H2）-(i)成立，或者（H2）-(ii)成立且有$\gamma=1$，则存在一个满足如下性质的连续函数 $C(\cdot)$：

设 $0\leqslant(u_0,\ v_0)\in W^{1,p}(\Omega)^2$，其中 $p>N$，则系统（1-21）有一个唯一的非负古典且全局的解

$$0\leqslant(u,\ v)\in(C([0,\ \infty);\ W^{1,p}(\Omega))\cap C^{2,1}(\bar{\Omega}\times(0,\ \infty)))^2 \tag{1-30}$$

使得对于任意的 $\tau>0$ 均有

$$\|u(t)\|_{1,\infty}+\|v(t)\|_{\infty}\leqslant C(M(\tau)),\ \forall t\geqslant\tau \tag{1-31}$$

其中

$$M(\tau):=\|K_0+(u_0,\ v_0)\|_{\infty}+\|v(\tau)\|_{\infty}+\|(A+1)^{\theta}u(\tau)\|_{k} \tag{1-32}$$

此外，$k>N$ 和 $\theta\in((1+N/k)/2,\ 1)$ 是常数。

（2）第 3 章，我们研究了在齐次 Neumann 边界条件下带有食饵—趋化的三种群捕食—食饵扩散模型：

$$
\begin{cases}
\dfrac{\partial u}{\partial t} = d_1 \Delta u - f_1(u)v_1 - f_2(u)v_2, & x \in \Omega, t > 0 \\
\dfrac{\partial v_1}{\partial t} = d_2 \Delta v_1 - \nabla \cdot (q_1(v_1) \nabla u) + v_1 [f_1(u) - v_1 - v_2], & x \in \Omega, t > 0 \\
\dfrac{\partial v_2}{\partial t} = d_3 \Delta v_2 - \nabla \cdot (q_2(v_2) \nabla u) + v_2 [f_2(u) - v_1 - v_2], & x \in \Omega, t > 0 \\
\dfrac{\partial u}{\partial n} = \dfrac{\partial v_1}{\partial n} = \dfrac{\partial v_2}{\partial n} = 0, & x \in \partial\Omega, t > 0 \\
u(x,0) = u_0(x) \geqslant 0, & x \in \Omega \\
v_1(x,0) = v_{10}(x) \geqslant 0, v_2(x,0) = v_{20}(x) \geqslant 0, & x \in \Omega
\end{cases}
\tag{1-33}
$$

其中空间区域 $\Omega \subset \mathbb{R}^N$（$N \geqslant 1$）是光滑有界的；齐次 Neuman 边界条件表明系统是封闭的，与外界无连通。u 和 v_1，v_2 分别表示食饵和两种捕食者的密度。

我们有如下条件假设：

（F）f_i：$\mathbb{R}_+ \to \mathbb{R}_+$是连续可微的反应功能函数，满足 $f_i(0)=0$，$i=1$，2。

（H）q_i：$\mathbb{R}_+ \to \mathbb{R}_+$是连续可微的函数，满足 $q_i(0)=0$，而且存在两个非负常数 $\alpha \geqslant 0$，$C_q \geqslant 0$，

$$0 \leqslant \alpha < \max\{1/(N-1), 1/2\}$$

使得对于任意 $v \geqslant 0$ 均有 $|q_i(v)| \leqslant C_q(1+v^\alpha)$，$i=1$，$2$。

从生物学上讲，$f_i(u)$ 表示单位捕食者对食饵的消耗率，一些典型的 $f_i(u)$ 可以表示为单调的 Holling Ⅱ型函数 $f_i(u) = m_i u/(a_i+u)$，其中 $m_i>0$ 是食饵 u 的最大增长率，$a_i>0$ 是饱和常数；此外，捕食者 v_1 和 v_2 的运动还具有方向性，它们会朝向食饵 u 增加的方向移动，这种

运动用$-\nabla(q_i(v_i)\nabla u)$表示，一般来说这种运动是和捕食者$v_1$，$v_2$的密度有关，用$q_i(v_i)$表示。

作为上述一般定理1.1的直接推论，我们有如下结果：

定理1.3（全局存在和一致有界性）　假设条件（F），（H）成立。则存在一个满足如下性质的连续函数$C(\cdot)$；

设$0\leqslant(u_0, v_{10}, v_{20})\in W^{1,p}(\Omega)^3$，其$p>N$，则系统（1-3）有一个唯一的非负古典且全局的解

$$0\leqslant(u, v_1, v_2)\in(C([0,\infty); W^{1,p}(\Omega))\cap C^{2,1}(\overline{\Omega}\times(0,\infty)))^3 \tag{1-34}$$

使得对于任意的$\tau>0$均有

$$\|u(t)\|_{1,\infty}+\|v_1(t)+v_2(t)\|_\infty\leqslant C(M(\tau))\quad\forall t\geqslant\tau \tag{1-35}$$

其中

$$M(\tau):=\|(u_0, v_{10}, v_{20})\|_\infty+\|v_1(\tau)+v_2(\tau)\|_\infty+\|(A+1)^\theta u(\tau)\|_k \tag{1-36}$$

此外，$k>N$和$\theta\in((1+N/k)/2, 1)$是常数。

对系统（1-33）的非负稳态解的形式及其稳定性，我们有如下结果：

定理1.4　1. 若$U:=(u, v_1, v_2)$是系统（1-33）的一个非负稳态解，则u，v_1，v_2均为常数函数，且$v_1=0$，$v_2=0$。

2. 若对任意$u>0$均有$f(u_1)+f(u_2)>0$，则系统（1-33）的任意平凡稳态解$U_*=(u_*, 0, 0)$都是不稳定的，其中$u_*>0$是个常数。

定理1.3结合定理1.4表明，系统（1-31）没有非平凡的稳态解。注意到数学模型中常数正平衡解的稳定性表明种群之间是齐次分布的，

而非常数时空模式的出现表明了系统丰富的动力学性质。因此，我们在本章的末尾处，展现了一些数值模拟的结果。

（3）第4章，我们研究了带有两类捕食者一类食饵的趋化扩散系统（1-5）．为明确计，我们将其形式复述如下：

$$\begin{cases}\dfrac{\partial u_1}{\partial t}=d_1\Delta u_1-\chi_1\nabla(q(u_1)\nabla u_3)+u_1\left(-1+\dfrac{u_2u_3}{u_1+u_2}\right), & x\in\Omega,t>0\\ \dfrac{\partial u_2}{\partial t}=d_2\Delta u_2-\chi_2\nabla(q(u_2)\nabla u_3)+u_2\left(-\alpha+\dfrac{\beta u_1u_3}{u_1+u_2}\right), & x\in\Omega,t>0\\ \dfrac{\partial u_3}{\partial t}=d_3\Delta u_3+u_3\left(\gamma-u_3-\dfrac{(1+\beta)u_1u_2}{u_1+u_2}\right), & x\in\Omega,t>0\\ \dfrac{\partial u_1}{\partial n}=\dfrac{\partial u_2}{\partial n}=\dfrac{\partial u_3}{\partial n}=0, & x\in\partial\Omega\\ u_i(x,0)=u_{i0}(x)\geqslant 0, & x\in\Omega,i=1,2,3\end{cases}\tag{1-37}$$

这里，$\dfrac{u_1u_2}{u_1+u_2}$表面两类捕食者 u_1 与 u_2 是合作关系；但它们只有一个唯一的食饵供给者 u_3，α，β，γ 均是正常数；齐次 Neumann 边界条件表明系统（1-35）是封闭的，与外界没有流通；扩散系数 $d_1>0$，$d_2>0$，$d_3>0$。我们考虑捕食者被食饵吸引，假设它们与食饵的梯度方向成正比，$\chi_i\nabla(q(u_i)\nabla u_3)$，$i=1$，2 来表示，其中$\chi_i$ 是食饵趋化系数，这种定向运动也是依赖于捕食者，用 $q(u_i)$ 表示。由于食饵趋化的引入，我们得到三种群系统（1-37）会展示出丰富的动力学性质，特别是产生所谓的静态模式（Stationary patterns），但在食饵趋化系数χ_i 较小时，静态模式又不会出现；此外，正常数稳态解的全局稳定性表明三种群的空间齐次分布；而非常数周期解的出现也表示静态模式的生成。

对于函数 $q(\cdot)$，我们的一般假设如下：

（Q）q：$\mathbb{R}_+\to\mathbb{R}_+$是连续可微的函数，满足 $q(0)=0$，而且存在两个非负常数 $\alpha_1\geqslant 0$，$C_q\geqslant 0$ 使得

$$\alpha_1\leqslant 1,\ \alpha_1<1/(N-1),\ |q(z)|\leqslant C_q(1+z^{\alpha_1})\ \forall z\geqslant 0 \tag{1-38}$$

第 2 章的一般结果即定理 1.1 应用于系统（1-37），我们得到如下结论。

定理 1.5（解的全局存在性及一致有界性）　若趋化效应 q 满条件（Q），则对于任意的非负初始值 $0\leqslant(u_{10},u_{20},u_{30})\in[W^{1,p}(\Omega)]^3$ 且 $p>n$，系统（1-37）均有唯一的全局古典解

$$0\leqslant(u_1(x,t),u_2(x,t),u_3(x,t))\in$$

$$(C([0,\infty);W^{1,p}(\Omega))\cap C^{2,1}(\overline{\Omega}\times(0,\infty)))^3 \tag{1-39}$$

且该解在 $\Omega\times(0,\infty)$ 内是一致有界的，即

$$\sup_{t\geqslant 1}(\|u_1(t)\|_{1,\infty}+\|u_2(t)+u_3(t)\|_{\infty})<\infty$$

在本章的最后，我们详细讨论了常数稳态解的稳定性和 Hopf 分歧分析，并导出了趋化系数 χ_i 对这些问题的结论的影响。此外，我们还展现了一些数值模拟的结果。

（4）在第 5 章，我们研究了在齐次 Neumann 边界条件下一般扩散—趋化三种群捕食—食饵模型的分歧问题：

$$
\begin{cases}
\dfrac{\partial u}{\partial t} = \Delta u - \nabla(\alpha u \nabla v) - \nabla(\beta u \nabla w) + u[-c + \Phi(v) + \Psi(w)], & x \in \Omega, t > 0, \\
\dfrac{\partial v}{\partial t} = \Delta v + f(v) - u\Phi(v), & x \in \Omega, t > 0, \\
\dfrac{\partial w}{\partial t} = \Delta w + g(w) - u\Psi(w), & x \in \Omega, t > 0, \\
\dfrac{\partial u}{\partial n} = \dfrac{\partial v}{\partial n} = \dfrac{\partial w}{\partial n} = 0, & x \in \partial\Omega, t > 0, \\
(u(0,x), v(0,x), w(0,x)) = (u_0(x), v_0(x), w_0(x)) \geqslant (0,0,0), & x \in \Omega
\end{cases}
\tag{1-40}
$$

这里 u 表示捕食者密度函数，v，w 表示两类食饵的密度函数；$c>0$ 表示捕食者的线性死亡率；$\Phi(v)>0$，$\Psi(w)>0$ 分别表示食饵的反应功能函数；$f(v)$ 和 $g(w)$ 分别表示两类食饵的增长函数；$\alpha u \nabla v$ 和 $\beta u \nabla w$ 分别代表捕食者 u 向食饵 v 和 w 的增长方向移动，其中 α，β 是两种食饵—趋化敏感系数。以食饵—趋化敏感系数 α，β 为参数，利用 Grandall-Rabinowitz 局部分歧定理，我们分析了系统（1-40）从正常数平衡解 u^*，v^*，w^* 处的稳态分歧解，得到系统产生非常数正稳态解的分歧值 α（或者 β），进而表明带有两个食饵趋化三种群系统的丰富动力学性质。

此外，我们还研究了时间脉冲奇异动力方程：

$$
\begin{cases}
u^{\Delta\nabla}(t) + a(t)u^{\Delta}(t) + b(t)u(t) + q(t)f(t,u(t)) = 0, t \in (0,1), t \neq t_k \\
u^{\Delta}(t_k^+) = u^{\Delta}(t_k) - I_k(u(t_k)), k = 1,2,\cdots,n \\
u(\rho(0)) = 0, u(\sigma(1)) = \sum_{i=1}^{m-2} \alpha_i u(\eta_i)
\end{cases}
\tag{1-41}
$$

这里 $\alpha\geqslant0$，$0<\eta_i<\eta_{i+1}<1$，$\forall i=1, 2, \cdots, m-2$，$I_k$，$f$，$q$，$a$ 和 b 满足：

$(C1)$ $f\in C([\rho(0), \sigma(1)]\times(0, +\infty), [0, +\infty))$ 以及 $f(t, u)$ 在 $u=0$，

$I_k\in C([0, +\infty), [0, +\infty))$ 是奇异的；

$(C2)$ $q\in C((0, 1), [0, +\infty))$ 并且存在 $t_0\in(0, 1)$ 使得 $q(t_0)>0$，$q(t)$ 在 $t=0$，1 是奇异的；

$(C3)$ $a\in C([0, 1], [0, +\infty))$，$b\in C([0, 1], (-\infty, 0])$。

本章利用混合不动点定理得到了问题（1-39）解的存在性及唯一性。

1.4 预备知识

为了证明解的全局存在性和有界性，我们需要一些估计，为此我们先介绍一些已知的结果，以便我们在后面章节里能够自由地运用它们。

引理 1.1（散度定理和格林第一公式）[90]

（1）（散度定理）对任意的 $C^1(\overline{\Omega})$ 向量场 w 成立

$$\int_\Omega \nabla\cdot w\mathrm{d}x=\int_{\partial\Omega} w\cdot n\mathrm{d}x \tag{1-42}$$

（2）（格林第一公式）设 $u\in W^{1,2}(\Omega)$，$v\in W^{2,2}(\Omega)$，则有

$$\int_\Omega u\Delta v\mathrm{d}x=-\int_\Omega \nabla u\cdot\nabla v\mathrm{d}x+\int_{\partial\Omega} v\frac{\partial u}{\partial n}\mathrm{d}x \tag{1-43}$$

特别地，若$\left.\frac{\partial u}{\partial n}\right|_{\partial \Omega}=0$，则

$$\int_{\Omega} u \Delta v \mathrm{d}x=-\int_{\Omega} \nabla u \cdot \nabla v \mathrm{d}x \tag{1-44}$$

（3）设$u, g \in W^{1,2}(\Omega)$，$v \in W^{2,2}(\Omega)$，且$\left.\frac{\partial v}{\partial n}\right|_{\partial \Omega}=\frac{\partial g}{\partial n}=0$，则有

$$\int_{\Omega} u \nabla \cdot (g \nabla v) \mathrm{d}x=-\int_{\Omega} g \nabla u \cdot \nabla v \mathrm{d}x \tag{1-45}$$

引理1.2（比较原理）[90]

设$T>0$并令

定义一个符号带：$=C([0, T]; W^{1,2}(\Omega)) \cap C^{2,1}(\bar{\Omega} \times (0, T])$

设F：$\Omega \times [0, T] \times \mathbb{R} \rightarrow \mathbb{R}$是个Caratheodory函数，常数$d>0$，令

$$\mathcal{L} u :=\frac{\partial u}{\partial t}-[d \Delta u+F(\cdot, \cdot, u)], \quad \forall u \in X$$

若$u(x, t)$，$v(x, t) \in X$满足

$$\frac{\partial u}{\partial n}(x, t)=0=\frac{\partial v}{\partial n}(x, t), \quad \forall (x, t) \in \partial \Omega \times [0, T]$$

以及

$$\mathcal{L} u \leqslant \mathcal{L} v, \quad u(\cdot, 0) \leqslant v(\cdot, 0)$$

则有

$$u(\cdot, t) \leqslant v(\cdot, t), \quad \forall t \in [0, T] \tag{1-46}$$

引理1.3（Gagliardo- Nirenberg不等式）

设p，$q \in [1, \infty]$，整数$k \geqslant 1$，则对于任意的$i \in [0, k)$，都存在常数$C>0$使得

$$\| D^i u \|_h \leqslant C(\| D^k u \|_q^{\lambda} \| u \|_p^{1-\lambda}+\| u \|_m), \quad \forall u \in L^p(\Omega) \cap W^{k,q}(\Omega) \tag{1-47}$$

其中h，λ，m满足

$$\frac{1}{h}-\frac{i}{N}=\lambda\left(\frac{1}{q}-\frac{k}{N}\right)+(1-\lambda)\frac{1}{p},\ m>0,\ \frac{i}{k}\leqslant\lambda\leqslant 1 \tag{1-48}$$

此外，如果 $q\in(1,\infty)$ 且 $k-i-\frac{N}{p}$ 是非负整数，则上述不等式（1-13）对于 $\frac{i}{k}\leqslant\lambda\leqslant 1$ 成立。这里 N 是 Ω 的维数。

引理 1.4（Young 不等式）[91]

对任意 a，$b\geqslant 0$ 及 $\alpha\in(0,1)$，$\beta:=1-\alpha$ 成立

$$ab\leqslant\alpha a^{1/\alpha}+\beta b^{1/\beta} \tag{1-49}$$

引理 1.5 [91]

假设 $y\geqslant 0$，$z\geqslant 0$ 为非负常数，以及 $r>0$，那么

$$(y+z)^r\leqslant 2^r(y^r+z^r) \tag{1-50}$$

我们将借助于拟线性抛物系统的半群方法去证明我们研究的系统的非负解的全局存在性及一致有界性。为此，我们首先回忆一些众所周知的基本估计公式，均是针对齐次 Neumann 边界条件下的扩散半群，参见文献二阶椭圆形偏微分方程。

对于 $p\in(1,\infty)$，定义扇形算子

$$Au:=-\Delta u,\ \forall u\in D(A):=\left\{w\in W^{2,p}(\Omega):\frac{\partial w}{\partial n}(x)=0,\ \forall x\in\partial\Omega\right\} \tag{1-51}$$

类似地，令 $A_d u=-d\Delta u$ 满足与 A 同样的性质。接下来所列的半群 A 的性质均适用于半群 A_d。

引理 1.6 [91]

假设 $m\in\{0,1\}$，$p\in[1,\infty]$ 且 $q\in(1,\infty)$，一般地，我们有

$$\|e^{-tA}u\|_{m,p}\leqslant\|u\|_{m,p},\ \forall u\in W^{m,p}(\Omega),\ t>0 \tag{1-52}$$

若 $\theta \in (0, 1)$ 满足

$$m-\frac{N}{p}<2\theta-\frac{N}{q}$$

则存在某个正常数 C_1 使得

$$\| u \|_{m,p} \leqslant C_1 \| (A+1)^{\theta} u \|_q, \quad \forall u \in D((A+1)^{\theta}) \tag{1-53}$$

此外，如果 $q \geqslant p$，那么存在常数 $C_2>0$ 及 $\gamma>0$ 使得

$$\| (A+1)^{\theta} \mathrm{e})^{-t(A+1)} u \|_q \leqslant C_2 t^{-\theta-\frac{n}{2}\left(\frac{1}{p}-\frac{1}{q}\right)} \mathrm{e})^{-\gamma t} \| u \|_p, \quad \forall u \in L^p(\Omega), \ t>0 \tag{1-54}$$

最后，对于任意的 $p \in (1, \infty)$ 及 $\varepsilon>0$，存在常数 $C_3>0$ 及 $\mu>0$ 使得

$$\| (A+1)^{\theta} \mathrm{e})^{-tA} \nabla u \|_p \leqslant C_3 t^{-\theta-\frac{1}{2}-\varepsilon} \mathrm{e})^{-\mu t} \| u \|_p, \quad \forall u \in L^p(\Omega), \ t>0 \tag{1-55}$$

第2章

带食饵趋化的双捕食双食饵扩散系统

2.1 模型的介绍

我们要研究的模型具有如下形：

$$
\begin{cases}
\dfrac{\partial u_1}{\partial t}=d_1\Delta u_1+g_1(u_1,u_2,v_1,v_2), & x\in\Omega,t>0\\
\dfrac{\partial u_2}{\partial t}=d_2\Delta u_2+g_2(u_1,u_2,v_1,v_2), & x\in\Omega,t>0\\
\dfrac{\partial v_1}{\partial t}=d'_1\Delta v_1-\nabla\cdot(\sum\limits_{j=1}^{2}q_{1j}(v_1)\nabla u_j)+h_1(u_1,u_2,v_1,v_2), & x\in\Omega,t>0\\
\dfrac{\partial v_2}{\partial t}=d'_2\Delta v_2-\nabla\cdot(\sum\limits_{j=1}^{2}q_{2j}(v_2)\nabla u_j)+h_2(u_1,u_2,v_1,v_2), & x\in\Omega,t>0\\
\dfrac{\partial u_1}{\partial n}=\dfrac{\partial u_2}{\partial n}=\dfrac{\partial v_1}{\partial n}=\dfrac{\partial v_2}{\partial n}=0, & x\in\partial\Omega,t>0\\
u_i(x,0)=u_{i0}(x)\geqslant 0,v_i(x,0)=v_{i0}(x)\geqslant 0\quad(i=1,2), & x\in\Omega.
\end{cases}
\tag{2-1}
$$

其中 u_1，u_2 是双食饵在时间 t 和 x 处的密度函数，而 v_1，v_2 则是双捕食者的密度函数；栖息地 $\Omega\subset\mathbb{R}^N$（$N\geqslant 1$）是具有光滑边界的有界区域，齐次 Neumann 边界条件表明系统是封闭的，与外界无通量，n 表示单位外法向量；d_1，d_2 和 d'_1，d'_2 分别表示两类食饵和两类捕食者的随机运动扩散系数，这种随机运动是由拉普拉斯算子 Δ 所表示；我们假设它们均为严格正的常数。

从生物学上讲，食饵和捕食者的增长率分别由 g_i（u_1，u_2，v_1，v_2

（和 h_i（u_1，u_2，v_1，v_2）表示。此外，捕食者 v_1 和 v_2 的运动还具有方向性，它们会朝向食饵 u_1 和 u_2 增加的方向移动，并且运动的强度和捕食者 v_1，v_2 密度有关，我们用 $-\nabla(q_{ij}(v_i)\nabla u_j)$ 来表示这种食饵趋化运动。

系统（2-1）涵盖了诸多已知的模型，参见文献［53，55，69，86-89］。

我们要设置的第一个条件是关于系统（2-1）解的存在性。

（H1，解存在性条件）每个 g_i，h_i：$\mathbb{R}_+^m\times\mathbb{R}_+^n\to\mathbb{R}$ 都是连续可微函数，且对于任意 $(u_1, u_2, v_1, v_2)\in\mathbb{R}_+^m\times\mathbb{R}_+^n$ 均成立

$$
\begin{aligned}
&g_1(0, u_2, v_1, v_2)\geqslant 0, \quad g_2(u_1, 0, v_1, v_2)\geqslant 0\\
&h_1(u_1, u_2, 0, v_2)\geqslant 0, \quad h_2(u_1, u_2, v_1, 0)\geqslant 0
\end{aligned}
\tag{2-2}
$$

此外，存在一个非负常数向量 $K_0\in\mathbb{R}_+^m\times\mathbb{R}_+^n$，$K_0\geqslant 0$，使得对于任意 $(u_1, u_2, v_1, v_2)\in\mathbb{R}_+^m\times\mathbb{R}_+^n$ 均成立

$$
g_i(u_1, u_2, v_1, v_2)\leqslant 0,\ \text{若}\ u_i\geqslant (K_0)_i \quad (i=1, 2) \tag{2-3}
$$

关于食饵捕食者及趋化效应的增长限制，我们要设置的条件将有如下一般形式：

（H2，食饵捕食者增长限制条件）存在非负常数组 $\{(\beta_i, \gamma_i), i=1, 2\}$，具有如下性质之一：

(i)对任意 $L>0$ 均存在两个常数 $C_k\geqslant 0$（$k=1$，2），$C_2>0$，使得对于所有的 $0\leqslant u_1$，$u_2\leqslant L$ 和 v_1，$v_2\geqslant 0$ 均成立不等式

$$
\begin{aligned}
&\sum_{i=1}^{2}|g_i(u_1, u_2, v_1, v_2)|\leqslant C_1(1+v_1^{\beta_1}+v_2^{\beta_2})\\
&h_j(u_1, u_2, v_1, v_2)\leqslant C_1-C_2v_j^{\gamma_j} \quad (1\leqslant j\leqslant 2)
\end{aligned}
\tag{2-4}
$$

(ii)对任意 $L>0$ 均存在两个常数 $C_k\geqslant 0$（$k=1$，2）使得对于所有的 $0\leqslant u_1$，$u_2\leqslant L$ 和 v_1，$v_2\geqslant 0$ 均成立不等式

$$\sum_{i=1}^{2}|g_i(u_1, u_2, v_1, v_2)| \leqslant C_1(1+v_1^{\beta_1}+v_2^{\beta_2})$$
$$|h_j(u_1, u_2, v_1, v_2)| \leqslant C_1+C_2v_j^{\gamma_j} \quad (1\leqslant j\leqslant 2) \tag{2-5}$$

（H3，趋化效应限制条件）每个 q_{ij}：$\mathbb{R}_+\to\mathbb{R}$ 都是连续可微函数且满足 $q_{ij}(0)=0$。此外，存在正常数 $C_q\geqslant 0$ 和非负常数组$\{\alpha_i: i=1, 2\}$，使得

$$\alpha_i\leqslant 1, \ \sum_{j=1}^{2}|q_{ij}(z)|\leqslant C_q(1+z^{\alpha_i}), \ \forall z\geqslant 0, \ i=1, 2 \tag{2-6}$$

粗略看来，条件（H2）和（H3）涉及的非负常数组$\{(\alpha_i, \beta_i, \gamma_i), i=1, 2\}$的功用，均在于控制捕食者的增长模式。具体说来：① γ量控制捕食者自身的生长模式；② β量控制捕食者在食饵群里的生长模式；③ α量控制捕食者的趋化效应。

我们接着下来的任务是，找到条件（H2）和（H3）涉及的非负常数组$\{(\alpha_i, \beta_i, \gamma_i), i=1, 2\}$的进一步关系，以使相应的系统（2-1）有全局的有界解。

2.2 解的全局存在性和有界性

注意到系统（2-1）的生物背景，我们只考虑它的非负解。首先在非负初值条件下，我们一定可以得到其非负解的局部存在性。

引理 2.1　假设条件（H1）成立。若 $0\leqslant(u_{10}, u_{20}, v_{10}, v_{20})\in W^{1,p}(\Omega)^4$，其中 $p>N$，则有如下结论：

（1）存在正常数 $T_{\max}$（最大存在时间）使得系统（2-1）有唯一的非负古典解

$$0 \leqslant (u_1, u_2, v_1, v_2) \in (C([0, T_{max}); W^{1,p}(\Omega)) \cap C^{2,1}(\overline{\Omega} \times (0, T_{max})))^4 \tag{2-7}$$

且对 $i=1, 2$ 有

$$\| u_i(t) \|_\infty \leqslant \max\{(K_0)_i, \| u_{i0} \|_\infty\}, \quad \forall t<T_{max} \tag{2-8}$$

（2）若对于任意的 $T>0$，均存在常数 $M_0(T)$ 使得

$$\| (u_1(t), u_2(t), v_1(t), v_2(t)) \|_\infty \leqslant M_0(T), \quad 0<t<\min\{T, T_{max}\} \tag{2-9}$$

其中 $M_0(T)$ 是依赖于 T 及范数 $\| (u_{10}, u_{20}, v_{10}, v_{20}) \|_{1,p}$，则 $T_{max}=+\infty$。

证明：由文献《拟线性抛物方程动力学理论Ⅱ》[11] 的定理 14.6，可直接得到解 $(u_1(t), u_2(t), v_1(t), v_2(t))$ 的局部存在性。

由假设（H1）我们有 $g_1(0, u_2, v_1, v_2) \geqslant 0$，$g_1(\overline{u}_1, u_2, v_1, v_2) \leqslant 0$ 和 $g_2(u_1, 0, v_1, v_2) \geqslant 0$，$g_2(u_1, \overline{u}_2, v_1, v_2) \leqslant 0$，其中 $\overline{u}_i := \max\{(K_0)_i, \| u_{i0} \|_\infty\}$。因此，应用上述比较原理（引理 1.2）我们得知对任意 $t<T_{max}$ 均成立 $0 \leqslant u_i(t) \leqslant \overline{u}_i$。此外，由于 $h_1(u_1, u_2, 0, v_2) \geqslant 0$ 和 $h_2(u_1, u_2, v_1, 0) \geqslant 0$，因此再次应用上述比较原理我们立得 $v_i(t) \geqslant 0$。

结论的第二部分内容可由文献《非齐次线性和拟线性椭圆形和抛物型边值问题》[12] 的定理 15.5 得到，因此 $T_{max}=\infty$。

我们先做一些计算准备。在本章里，我们取 $k>N$ 为固定的常数，并固定三个常数 $\{\theta, \theta_1, \theta_2\}$，使得

$$(1+N/k)/2<\theta<1, \quad N/(2k)<\theta_1<1, \quad 1/2+\theta_1<\theta_2<1 \tag{2-10}$$

相应于这些常数，我们在下面行文里要用到的不等式如下：

$$\| u \|_{1,\infty} \leqslant C \cdot \| (A+1)^\theta u \|_k, \quad \forall u \in D((A+1)^\theta) \tag{2-11}$$

$$\|u\|_{\infty}\leqslant C\cdot\|(A+1)^{\theta_1}u\|_k,\quad\forall u\in D((A+1)^{\theta_1})\tag{2-12}$$

以及存在某个常数 $\gamma>0$ 使得对于任意 $u\in L^k(\Omega)$，$t\geqslant 0$ 均有

$$\|(A+1)^{\theta_1}\mathrm{e}^{-t(A+1)}u\|_k+\|(A+1)^{\theta_1}\mathrm{e}^{-tA}\nabla\cdot u\|_k\leqslant C\cdot t^{-\theta_2}\mathrm{e}^{-\gamma t}\|u\|_k\tag{2-13}$$

这些不等式都是引理 1.6 的推论。

下文中我们将考虑由上述引理 2.1 给出的系统（2-1）的一个局部的非负古典解(u_1, u_2, v_1, v_2)，最大存在区间是$[0, T_{\max})$，固定一个$\tau\in(0, T_{\max})$，令

$$M(\tau):=\|K_0+(u_{10}, u_{20})+(v_1(\tau), v_2(\tau))\|_{\infty}+\|(A+1)^{\theta}(u_1(\tau), u_2(\tau))\|_k\tag{2-14}$$

及

$$\|(u_1(s), u_2(s))\|_{1,\infty}\quad\forall t\in[\tau, T_{\max})\tag{2-15}$$

$H(\cdot)$ 是个非减函数，这个单调性我们将在后面用到。

对于固定指标 i，我们令

$$V_i(t):=\int_{\Omega}v_i(x, t)^k\mathrm{d}x,\quad W_i(t):=V_i(t)^{2/k}=\|v_i(t)\|_k^2\tag{2-16}$$

我们有

$$\dot{V}_i(t)/k=\int_{\Omega}v_1^{k-1}(v_1)_t\mathrm{d}x=d'_iE_1+E_2+E_3$$

其中

$$E_1:=\int_{\Omega}v_i^{k-1}\Delta v_i\mathrm{d}x,\quad E_2:=-\int_{\Omega}v_i^{k-1}\nabla\cdot\left(\sum_{j=1}^{2}q_{ij}(v_i)\nabla u_j\right)\mathrm{d}x,$$

$$E_3:=\int_{\Omega}v_i^k h_i(u_1, u_2, v_1, v_2)\mathrm{d}x$$

应用式（1-10）于函数对(v_i^{k-1}, v_i)，我们得到

$$E_1=\int_\Omega(\nabla v_i^{k-1})\cdot\nabla v_i\mathrm{d}x=(k-1)\int_\Omega v_i^{k-2}\ |\nabla v_i|^2\mathrm{d}x \qquad (2-17)$$

此外，

$E_2=\int_\Omega(\sum_{j=1}^{2}q_{ij}(v_i)\nabla u_j)\cdot\nabla v_i^{k-1}\mathrm{d}x$[应用式（1－11）于三元组 $(v_i^{k-2},\ q_{ij}(v_i),\ u_j))$]

$$\begin{aligned}&=(k-1)\int_\Omega v_i^{k-1}\Big(\sum_{j=1}^{2}q_{ij}(v_i)\nabla u_j\Big)\cdot\nabla v_i\mathrm{d}x\\&\leqslant(k-1)\int_\Omega v_i^{k-2}\Big(\sum_{j=1}^{2}|q_{ij}(v_i)|\cdot|\nabla u_j|\cdot|\nabla v_i|\Big)\mathrm{d}x\end{aligned}\qquad(2-18)$$

$$\leqslant C_q(k-1)H(t)\int_\Omega(v_i^{k-2}(1+v_i^{\alpha_i})\ |\nabla v_i|)\ \mathrm{d}x$$ [利用（H3），式（2-15）]

另外，应用函数$(u_1(t),\ u_2(t))$的一致有界性［参见式（2-8）并结合假设（H2）］，我们可得常数 $C_i=C_i(M)\geqslant0$，$C_2>0$ 使得

$$h_i(u_1,\ u_2,\ v_1,\ v_2)(s)\leqslant C_1-\varepsilon C_2v_i(s)^{\gamma_i},\qquad\forall s\geqslant0\qquad(2-19)$$

其中，若式（2-4）成立，则 $\varepsilon=1$。否则，若式（2-5）成立，则 $\varepsilon=-1$。因此，

$$E_3\leqslant\int_\Omega(C_1v_i^{k-1}-\varepsilon C_2v_i^{k-1+\gamma_i})\ \mathrm{d}x\qquad(2-20)$$

综合式（2-17）～式（2-20），我们得到

$$\dot{V}_i(t)/k\leqslant\int_\Omega Y_i\mathrm{d}x$$

其中

$$Y_i:=(k-1)\ v_i^{k-2}(C_qH(t)(1+v^{\alpha_i})\ |\nabla v_i|-d'_i\ |\nabla v_i|^2)+C_1v_i^{k-1}-\varepsilon C_2v_i^{k-1+\gamma_i}$$

应用不等式

$$C_qH(t)(1+v_i^{\alpha_i})\ |\nabla v_i|\leqslant C_q^2H(t)^2(1+v_i^{\alpha_i})^2/(2d'_i)+(d'_i/2)\ |\nabla v|^2$$

以及

$$(1+v_i^{\alpha_i})^2 \leqslant 2(1+v_i^{2\alpha_i})$$

我们有 $Y_i \leqslant G(v_i) - \varepsilon C_2 y^{k-1+\gamma_i} - (k-1)(d'_i/2)|\nabla v_i|^2$，其中

$$G(y) := \rho y^{k-2}(1+y^{2\alpha_i}) + C_1 y^{k-1}$$

以及 $\rho := (k-1) C_q^2 H(t)^2 / d'_i$。由 Hölder 不等式，对任意 $q \leqslant k$ 我们有

$$\int_\Omega v_i^q \leqslant (|\Omega|)^{1-q/k} V_i(t)^{q/k}$$

因此，

$$\int_\Omega G \leqslant \rho(|\Omega|^{2/k} V_i^{1-2/k} + |\Omega|^{2(1-\alpha_i)/k} V_i^{1-2(1-\alpha_i)/k}) + C_1 |\Omega|^{1/k} V_i^{1-1/k}$$

这里我们用到式（2-6）里的假设 $\alpha_i \leqslant 1$，注意到

$$\dot{W}_i(t) = 2V_i(t)^{2/k-1} \dot{V}_i(t) / k$$

这样，我们有

$$\dot{W}_i(t) \leqslant c_3 + c_4 W_i(t)^{\alpha_i} + Q$$

其中 $Q := c_1 W_i(t)^{1/2} - 2\varepsilon C_2 Z_1 - c_0 Z_2$，且

$$Z_1 := V_i(t)^{2/k-1} \int_\Omega v_i(t)^{k-1+\gamma_i},\ Z_2 := V_i(t)^{2/k-1} \int_\Omega |\nabla v_i^{k/2}|^2 \tag{2-21}$$

$$c_0 := 4(k-1)/(k^2 d'_i),\ c_1 := 2|\Omega|^{1/k},\ c_3 := 2|\Omega|^{2/k}\rho,\ c_4 := 2|\Omega|^{2(1-\alpha_i)/k}\rho \tag{2-22}$$

我们令

$$\lambda := \frac{kN-N}{2+kN-N},\ \kappa := k/(kN-N) \tag{2-23}$$

$$B_i(t) := \| v_i(t) \|_1,\ \forall t \in [\tau, T_{\max}) \tag{2-24}$$

若 $\gamma_i \geqslant 1$，则有

$$Z_1 \geqslant |\Omega|^{\gamma_i - 1} V_i(t)^{(1+\gamma_i)/k} = |\Omega|^{\gamma_i - 1} W_i(t)^{(1+\gamma_i)/2} \tag{2-25}$$

否则 $\gamma_i \leqslant 1$，则有

$$Z_1 \leqslant |\Omega|^{(1-\gamma_i)/2} W_i(t)^{(1+\gamma_i)/2} \tag{2-26}$$

应用 Gagliardo-Nirenberg 不等式，我们有

$$\begin{aligned} V_i(t) &= \| v_i^{k/2} \|_2^2 \leqslant C \cdot (\| \nabla v_i^{k/2} \|_2^{\lambda} \cdot \| v_i^{k/2} \|_{2/k}^{1-\lambda} + \| v_i^{k/2} \|_{2/k})^2 \\ &\leqslant C \cdot (\| \nabla v_i^{k/2} \|_2^{\lambda} \cdot \| v_i \|_1^{(1-\lambda)k/2} + \| v_i \|_1^{k/2})^2 \end{aligned}$$

这里 $C>0$ 是某个常数。因此，或者 $\| \nabla v_i^{k/2} \|_2 \leqslant \| v_i \|_1^{k/2} = B_1^{k/2}(t)$ 成立，因此 $V_i(t) \leqslant 4CB_1(t)^k$，或者不等式成立

$$V_i(t) \leqslant 4C \cdot B_1(t)^{k(1-\lambda)} \| \nabla v_i^{k/2} \|_2^{2\lambda}$$

对前一种情况，由 Holder 不等式我们有

$$V_i(t) \leqslant 4CB_1(t)^k \leqslant 4C|\Omega|^{k-1} V_i(t) \tag{2-27}$$

因此，

$$W_i(t) = V_i(t)^{2/k} \leqslant (4C)^{2/k} B_1(t)^2 \tag{2-28}$$

对后一种情况，我们有 $\| \nabla v_i^{k/2} \|_2^2 \geqslant C \cdot V_i(t)^{1/\lambda} \cdot B_1(t)^{k(1-1/\lambda)}$，因此，

$$\begin{aligned} Z_2 &= V_i(t)^{2/k-1} \| \nabla v_i^{k/2} \|_2^2 \\ &\geqslant C \cdot B_1^{k(1-1/\lambda)} V_i(t)^{1/\lambda-1+2/k} \\ &\geqslant C \cdot B_1^{k(1-1/\lambda)} \cdot W_i(t)^{1+\kappa} \end{aligned} \tag{2-29}$$

若 Young 不等式中 $\varepsilon=1$，则通过应用 Young 不等式并结合式（2-25）~式（2-29），我们可得

$$Q \leqslant C_3 - C_4 W_i(t)^{1+\max\{\kappa, (\gamma_i-1)/2\}}$$

其中 $C_3>0$，$C_4>0$ 是常数。若 $\varepsilon=-1$ 且 $\gamma_i=1$，则通过应用 Young 不等式并结合式（2-25）、式（2-29），我们可得

$$Q \leqslant C_3 - C_4 W_i(t)^{1+\kappa}$$

其中 $C_3>0$，$C_4>0$ 是常数。

我们将如上的结果综合一下。

引理 2.2 假设条件（H2）、（H3）成立。对于固定指标 i 及任意 $k>N$，令

$$W_i(t):=\|v_i(t)\|_k^2 \tag{2-30}$$

我们有如下结论。

(i)若 $\varepsilon=1$，则有

$$\dot{W}_i(t)\leqslant c_0[c_1+H(t)^2(c_3+c_4W_i(t)^{\alpha_i})-W_i(t)^{1+\delta_i(k)}] \tag{2-31}$$

其中 $c_k>0$ 是正常数，且

$$\delta_i(k):=(\gamma_i-1)/2 \tag{2-32}$$

(ii)设 $\|v_i\|_1$ 是一致有界的，即存在常数 $L>0$ 使得

$$\|v_i(t)\|_1\leqslant L \quad \forall t\in[0,T_{\max}) \tag{2-33}$$

此外，若 $\varepsilon=-1$ 时成立 $\gamma_i=1$

则存在正常数 $c_k>0$，使得对于任意 $t\geqslant\tau$ 我们有如下选择：或者

$$W_i(t)\leqslant c_2 \tag{2-34}$$

或者成立

$$\dot{W}_i(t)\leqslant c_0[c_1+H(t)^2(c_3+c_4W_i(t)^{\alpha_i})-W_i(t)^{1+\delta_i(k)}] \tag{2-35}$$

其中

$$\delta_i(k):=\max\{k/(kN-N),(\gamma_i-1)/2\} \tag{2-36}$$

进一步地，若

$$\alpha_i<1+\delta_i(k) \tag{2-37}$$

则有

$$\|v_i(t)\|_k\leqslant C\cdot\max\{1,H(t)^{1/(1+\delta_i(k)-\alpha_i)}\} \tag{2-38}$$

证明：我们只需证在条件（2-37）下结论（2-38）成立。我们考虑余留的情形：

$W_i(t)>c_2$ 并且式（2-35）和式（2-37）均成立。则有

$$\dot{W}_i(t)/c_0 \leqslant c_1 + \leqslant H(t)^2(c_4+c_3c_2^{-\alpha_i})W_i(t)^{\alpha_i} - W_i(t)^{1+\delta_i(k)}$$

$$\leqslant c_1 + [2H(t)^2(c_4+c_3c_2^{-\alpha_i})]^{(1+\delta_i(k))/(1+\delta_i(k)-\alpha_i)} - W_i(t)^{1+\delta_i(k)}/2$$

［由（2-37）和 Young 不等式］

因此，或者

$$W_i(t)^{1+\delta_i(k)} \leqslant 2c_1 + 2\,[2H(t)^2(c_4+c_3c_2^{-\alpha_i})]^{(1+\delta_i(k))/(1+\delta_i(k)-\alpha_i)}$$

或者，$\dot{W}_i(t)\leqslant 0$。前面的证明包含（2-38）的估计。证毕。

引理 2.2 表明，在适当的条件（2-37）下，我们只需要函数$H(\cdot)$就可以去估计 v_1+v_2 的 k-范。而且式（2-38）显示，v_1+v_2 的 k-范的增长不会超过 $H(\cdot)$的某个幂次 $1/(1+\delta_i(k)-\alpha_i)$，且这个幂次还是小于 1 的。这点将使我们马上要看到的自助法证明成为可能。

我们的下一个结果是关于用 v_1+v_2 的 k-范界去估计函数 $H(\cdot)$的上界的。

引理 2.3　假设如引理 2.2，且

$$\alpha_i<1+\delta_i(k),\ i=1,\ 2 \tag{2-39}$$

令

$$\mu(k):=\max_{i=1,2}\frac{\beta_i}{1+\delta_i(k)-\alpha_i} \tag{2-40}$$

则有

$$H(t)\leqslant C\cdot(M(\tau)+H(t)^{\mu(k)})\quad \forall t\geqslant\tau \tag{2-41}$$

进一步地，若

$$\mu(k)<1 \tag{2-42}$$

则成立

$$H(t)\leqslant C\cdot(M(\tau)+1)\quad \forall t\geqslant\tau \tag{2-43}$$

证明：令

$$V(t):=\sup_{\tau\leqslant s\leqslant t}(\|v_1(s)\|_k^{\beta_1}+\|v_2(s)\|_k^{\beta_2})\quad(\tau\leqslant t<T_{\max})\tag{2-44}$$

由引理 2.2 我们有

$$V(t)\leqslant C\cdot(1+H(t)^{\mu(k)})\tag{2-45}$$

一方面，将线性抛物方程的常数变易公式应用于系统（2-1）的前两个方程，我们得到

$$u_i(t)=T_i(t-\tau)u_i(\tau)+U_1(t),\ U_1(t):=\int_\tau^t T_i(t-s)\varphi(s)\mathrm{d}s\tag{2-46}$$

其中

$$T_i(s):=e^{-d_i(A+1)s}=e^{-d_is}T(d_is)$$

$$\varphi(s):=(d_iu_i+g_i(u_1,u_2,v_1,v_2))(s)\tag{2-47}$$

对任意 $s\geqslant\tau$ 我们有

$$\begin{aligned}\|\varphi(s)\|_k&\leqslant d_i\|u_i(s)\|_k+\|g_0(u_1,u_2,v_1,v_2)(s)\|_k\\&\leqslant C\cdot(M(\tau)+\|v_1(s)^{\beta_1}+v_2(s)^{\beta_2}\|_k)\ [\text{由（2-8）和（H2）}]\\&\leqslant C\cdot(M(\tau)+V(s))\ [\text{由式（2-44）}]\end{aligned}\tag{2-48}$$

因此，

$$\begin{aligned}\|U_1(t)\|_{1,\infty}&\leqslant C\cdot\|(A+1)^\theta U_1(t)\|_k\ [\text{由（2-11）}]\\&\leqslant C\cdot\int_\tau^t\|(A+1)^\theta T_i(t-s)\varphi(s)\|_k\mathrm{d}s\\&\leqslant C\cdot\int_\tau^t(d_i(t-s))^{-\theta}e^{-\gamma d_i(t-s)}\|\varphi(s)\|_k\mathrm{d}s\ [\text{由式（1-54）}]\\&\leqslant C\cdot\int_\tau^t(d_i(t-s))^{-\theta}e^{-\gamma d_i(t-s)}\cdot(M+V(s))\mathrm{d}s\ [\text{由式（2-48）}]\\&\leqslant C\cdot(M(\tau)+V(t))\cdot\int_0^\infty(d_i(t-s))^{-\theta}e^{-\gamma d_i(t-s)}\mathrm{d}s\end{aligned}$$

（应用 V 的单调性）

$$\leqslant C \cdot \Gamma(1-\theta)(M+V(t))$$

（2-49）

其中 $\Gamma(\cdot)$ 是常用的 Gamma 函数。此外，上述推导里的那个泛常数 C 可能会因行而异，但总的来说只依赖于 k 和 M。

另一方面，我们有

$$\| T_i(t-\tau)u_i(\tau) \|_{1,\infty} \leqslant C \cdot \| T_i(t-\tau)(A+1)^{\theta}u_i(\tau) \|_k$$

$$\leqslant C \cdot \| (A+1)^{\theta}u_i(\tau) \|_k \qquad (2\text{-}50)$$

在上面的最后一个不等式里，我们用到了每个 $T_i(\cdot)$ 均为 $L^k(\Omega)$ 的压缩算子这个事实。

综合式（2-49），式（2-50）和式（2-45），我们得到式（2-41）。若 $\mu(k)<1$，则利用式（2-41）可立即导出式（2-43），我们从略。证毕。

下一个结果则是关于用 H 去估算 $\| v_1+v_2 \|_\infty$ 的界。

引理 2.4　令

$$W_{i1}(t) := \sup_{\tau\leqslant s\leqslant t} H(s)(1+\| v_i(s) \|_k^{\alpha_i}) \quad \forall t \in [\tau, T_{\max})$$

（2-51）

$$W_{i2}(t) := \sup_{\tau\leqslant s\leqslant t}(1+\| v_i(s) \|_k) \quad \forall t \in [\tau, T_{\max}) \qquad (2\text{-}52)$$

$$\varphi(t) := d'_i v_i(t) + h_i(u, v_1, v_2)(t) \quad t \in [0, T_{\max}) \qquad (2\text{-}53)$$

(i)若有非负常数 $C_3 \geqslant 0$ 使得

$$\varphi(t) \leqslant C_3 \quad \forall t \in [0, T_{\max}) \qquad (2\text{-}54)$$

则有

$$\| v_i(t) \|_\infty \leqslant \| v_i(\tau) \|_\infty + C \cdot (W_{i1}(t)+1) \quad \forall t \in [\tau, T_{\max})$$

（2-55）

(ii)若有非负常数 $C_3\geqslant 0$，$C_4\geqslant 0$ 使得

$$|\varphi(t)|\leqslant C_3+C_4v_i(t)\quad \forall t\in[0,T_{max})\tag{2-56}$$

则有

$$\|v_i(t)\|_\infty\leqslant\|v_i(\tau)\|_\infty+C\cdot(W_{i1}(t)+W_{i2}(t))\quad \forall t\in[\tau,T_{max})\tag{2-57}$$

证明：考虑 $t\in[\tau,T_{max})$。再次应用线性抛物方程的常数变易公式于系统（2-1）的最后两个方程，我们得到

$$0\leqslant v_i(t)=\hat{T}_i(t-\tau)v_i(\tau)+X_1(t)+X_2(t)\tag{2-58}$$

其中

$$\hat{T}_i(s):=e^{-d'_i(A+1)s}=e^{-d'_is}T(d'_is)$$

$$X_1(t):=-\int_\tau^t\hat{T}_i(t-s)\nabla\Big(\sum_{j=1}^2 q_{ij}(v_i(s))\nabla u_j(s)\Big)ds\tag{2-59}$$

$$X_2(t):=\int_\tau^t\hat{T}_i(t-s)\varphi(s)ds$$

我们有

$$\|\hat{T}_i(t-\tau)v_i(\tau)\|_\infty\leqslant\|v_i(\tau)\|_\infty\tag{2-60}$$

这是因为每个 $\hat{T}_i(\cdot)$ 都是 $L^\infty(\Omega)$ 上的压缩算子的缘故。

我们有

$$\begin{aligned}\|X_1(t)\|_\infty&\leqslant C\cdot\|(A+1)^{\theta_1}X_1(t)\|_k\\&\leqslant C\cdot\int_\tau^t\|(A+1)^{\theta_1}\hat{T}_i(t-s)\Big(\nabla\sum_{j=1}^2 q_{ij}(v_i(s))\nabla u_j(s)\Big)\|_k ds\\&\leqslant C\cdot\int_\tau^t(t-s)^{-\theta_2}e^{-\gamma(t-s)}\|\sum_{j=1}^2 q_{ij}(v_i(s))\nabla u_j(s)\|_k ds[\text{由式}(2-13)]\\&\leqslant C\cdot\int_\tau^t(t-s)^{-\theta_2}e^{-\gamma(t-s)}\Big(\sum_{j=1}^2\|q_{ij}(v_i(s))\nabla u_j(s)\|_k\Big)ds\\&\leqslant C\cdot\int_\tau^t(t-s)^{-\theta_2}e^{-\gamma(t-s)}H(s)\|1+v_i(s)^{\alpha_i}\|_k ds[\text{由}(H3)]\end{aligned}$$

$$\leqslant C \cdot W_{i1}(t) \int_{\tau}^{t} (t-s)^{-\theta_2} e^{-\gamma(t-s)} ds (\text{由 } W_{i1} \text{ 的单调性})$$

$$\leqslant C \cdot \Gamma(1-\theta_2) \cdot W_{i1}(t) \tag{2-61}$$

若条件（2-54）成立，则由算子半群 $\hat{T}_i(\cdot)$ 的保正性，我们有

$$X_2(t) \leqslant C_3 \int_{\tau}^{t} \hat{T}_i(t-s) 1 ds \leqslant C_3 \int_{0}^{t} e^{-d'_i s} T(d'_i s) 1 ds$$
$$= C_3 \int_{0}^{t} e^{-d'_i s} ds \leqslant C_3 / d'_i \quad [\text{因为 } T(\cdot)1 = 1] \tag{2-62}$$

综合式（2-60）~式（2-62），我们获得：

$$0 \leqslant v_i(t) \leqslant \| v_i(\tau) \|_{\infty} + C_3/d'_i + C \cdot W_{i1}(t) \tag{2-63}$$

若条件（2-56）成立，我们有：

$$\| X_2(t) \|_{\infty} \leqslant C \cdot \| (A+1)^{\theta_1} X_1(t) \|_{k}:[\text{由}(2-12)]$$

$$\leqslant C \cdot \int_{\tau}^{t} \| (A+1)^{\theta_1} \hat{T}_i(t-s) \varphi(s) \|_{k} ds$$

$$\leqslant C \cdot \int_{\tau}^{t} (t-s)^{-\theta_2} e^{-\gamma(t-s)} \| \varphi(s) \|_{k} ds [\text{由}(2-13)]$$

$$\leqslant C \cdot \int_{\tau}^{t} (t-s)^{-\theta} e^{-\gamma(t-s)} (C_3 + C_4 \| v_i(s) \|_{k}) ds [\text{由}(2-56)]$$

$$\leqslant C \cdot W_{i2}(t) \int_{\tau}^{t} (t-s)^{-\theta_2} e^{-\gamma(t-s)} ds \quad (\text{由 } W_{i2} \text{ 的单调性})$$

$$\leqslant C \cdot \Gamma(1-\theta_2) \cdot W_{i2}(t) \tag{2-64}$$

综合式（2-60）~式（2-63），我们获得

$$0 \leqslant v_i(t) \leqslant \| v_i(\tau) \|_{\infty} + C \cdot (W_{i1}(t) + W_{i2}(t)) \tag{2-65}$$

证毕。

本章的主要结果如下。

定理 2.1（全局存在和一致有界性） 假设条件（H1），（H3）成立，且如下条件(i)或(ii)之一被满足：

(i)（H2）-(i)成立，且

$$\alpha_i+\beta_i<(\gamma_i+1)/2 \quad (i=1,\ 2) \tag{2-66}$$

(ii) $\| v_1+v_2 \|_1$ 是一致有界的，即存在常数 $L>0$ 使得

$$\| v_1(t)+v_2(t) \|_1 \leqslant L \quad \forall t \geqslant 0 \tag{2-67}$$

此外，非负常数组 $\{(\alpha_i,\ \beta_i,\ \gamma_i):\ i=1,\ 2\}$ 满足如下关系：

$$\alpha_i+\beta_i<\max\{1/(N-1),\ (\gamma_i+1)/2\} \quad (i=1,\ 2) \tag{2-68}$$

最后，或者（H2）-(i)成立，或者（H2）-(ii)成立且有 $\gamma_i=1$，$(i=1,\ 2)$。则存在一个满足如下性质的连续函数 $C(\cdot)$：

设 $0\leqslant(u_{10},\ u_{20},\ v_{10},\ v_{20})\in W^{1,p}(\Omega)^4$，其中 $p>N$，则系统(2-1)有一个唯一的非负古典且全局的解：

$$0\leqslant(u_1,u_2,v_1,v_2)\in(C([0,\infty);W^{1,p}(\Omega))\cap C^{2,1}(\overline{\Omega}\times(0,\infty)))^4 \tag{2-69}$$

使得对于任意的 $\tau>0$ 均有

$$\| (u_1(t),\ u_2(t)) \|_{1,\infty}+\| v_1(t)+v_2(t) \|_\infty \leqslant C(M(\tau)) \quad \forall t \geqslant \tau \tag{2-70}$$

其中

$$M(\tau):=\| K_0+(u_{10},\ u_{20})+(v_{10},\ v_{20}) \|_\infty+\| v_1(\tau)+v_2(\tau) \|_\infty+ \| (A+1)^\theta(u_1(\tau),\ u_2(\tau)) \|_k \tag{2-71}$$

此外，$k>N$ 和 $\theta\in((1+N/k)/2,\ 1)$ 是常数。

证明：由引理 2.1 我们得到一个局部解，其极大存在区间为 $[0,\ T_{\max})$。我们注意到 $\delta_i(k)=\max\{k/(kN-N),\ (\gamma_i-1)/2\}$ 及 $\lim\limits_{k\downarrow N}\delta_i(k)=\max\{1/(N-1),\ (\gamma_i-1)/2\}$。

因此，在条件（2-68）下，我们总能找到 $k>N$ 尽量地小以使得

$$\beta_i/(1+\delta_i(k)-\alpha_i)<1 \quad (i=1,\ 2) \tag{2-72}$$

对这样的 k，引理 2.2、引理 2.3 和引理 2.4 均成立。特别地，通过这三个引理结合引理 2.1 我们导出 $T_{\max}=\infty$，并得出满足上述性质的连续函数 $C(\cdot)$ 的存在性。证毕。

注：

(i)系统（2-1）非负全局解的渐近态还需研究。

(ii)若 $N=1$，则 $\max\{1/(N-1),(\gamma_i+1)/2\}=+\infty$，因此，条件（2-68）总是被满足。这意味着在一维 $N=1$ 的情形下，若系统（2-1）满足条件（H1）、(H2)、(H3)，则其非负局部古典解（U，V）或者满足：

$$\limsup_{t\to T_{\max}}\|v_1(t)+v_2(t)\|_1=\infty \tag{2-73}$$

或者 $T_{\max}=\infty$ 且

$$\limsup_{t\to\infty}(\|u_1(t)\|_{1,\infty}+\|u_2(t)\|_{1,\infty}+\|v_1(t)+v_2\|_{\infty})<\infty \tag{2-74}$$

(iii)若 $N\geqslant 2$ 且假设（H3）里的条件不被满足，即若有某个指标 $i=1,2$，使得

$$\alpha_i+\beta_i\geqslant\max\{1/(N-1),(\gamma_i+1)/2\}$$

那么定理 2.1 是否能够保持成立，便是待解的问题。

2.3 应用

我们把前面的全局存在性和有界性结果应用到两类经典的模型中。

例 1. 两种群经典捕食食饵模型，具有如下形式：

$$\begin{cases}\dfrac{\partial u}{\partial t}=d_1\Delta u+g(u,v) & x\in\Omega,t>0\\ \dfrac{\partial v}{\partial t}=d_2\Delta v-\nabla\cdot(q(v)\nabla u)+h(u,v) & x\in\Omega,t>0\\ \dfrac{\partial u}{\partial n}=\dfrac{\partial v}{\partial n}=0 & x\in\partial\Omega,t>0,\\ u(x,0)=u_0(x)\geqslant 0,v(x,0)=v_0(x)\geqslant 0 & x\in\Omega\end{cases} \tag{2-75}$$

关于食饵捕食者及趋化效应的增长限制，我们设置的条件如下：

（H1，解存在性条件）每个 g，h：$\mathbb{R}_+^2\to\mathbb{R}$ 都是连续可微函数，且对于任意（u，v）$\in\mathbb{R}_+^2$均成立：

$$g(0,v)\geqslant 0,\ h(u,0)\geqslant 0 \tag{2-76}$$

此外，存在一个非负常数向量 $K_0\in\mathbb{R}_+^2$，$K_0\geqslant 0$，使得对于任意（u，v）$\in\mathbb{R}_+^2$均成立：

$$\begin{aligned}&g(u,v)\leqslant 0 \quad 若\quad u\geqslant(K_0)_1\\&h(u,v)\leqslant 0 \quad 若\quad v\geqslant(K_0)_2\end{aligned} \tag{2-77}$$

（H2，食饵捕食者增长限制条件）存在非负常数 $\beta\geqslant 0$，$\gamma\geqslant 0$，具有如下性质之一：

(i)对任意 $L>0$ 均存在两个常数 $C_k\geqslant 0$（$k=1$，2），$C_2>0$，使得对于所有的 $0\leqslant u\leqslant L$ 和 $v\geqslant 0$ 均成立不等式：

$$|g(u,v)|\leqslant C_1(1+v^\beta),\ h(u,v)\leqslant C_1-C_2v^\gamma \tag{2-78}$$

(ii)对任意 $L>0$ 均存在两个常数 $C_k\geqslant 0$（$k=1$，2）使得对于所有的 $0\leqslant u\leqslant L$ 和 $v\geqslant 0$ 均成立不等式：

$$|g(u,v)|\leqslant C_1(1+v^\beta),\ h(u,v)\leqslant C_1+C_2v^\gamma \tag{2-79}$$

（H3，趋化效应限制条件）q：$\mathbb{R}_+\to\mathbb{R}$ 是连续可微函数且满足 q

(0) = 0，此外，存在正常数 $C_q \geqslant 0$ 和非负常数 α，使得

$$\alpha \leqslant 1, \quad |q(z)| \leqslant C_q(1+z^{\alpha}) \quad \forall z \geqslant 0 \tag{2-80}$$

定理 2.2（全局存在和一致有界性） 假设条件（H1）、（H3）成立，且如下条件(i)或(ii)之一被满足：

(i)（H2）-(i)成立，且

$$\alpha+\beta < (\gamma+1)/2 \tag{2-81}$$

(ii) $\| v \|_1$ 是一致有界的，即存在常数 $L>0$ 使得

$$\| v(t) \|_1 \leqslant L \quad \forall t \geqslant 0 \tag{2-82}$$

此外，非负常数组（α，β，γ）满足如下关系：

$$\alpha+\beta < \max\{1/(N-1), (\gamma+1)/2\} \tag{2-83}$$

最后，或者（H2）-(i)成立，或者（H2）-(ii)成立且有 $\gamma=1$，则存在一个满足如下性质的连续函数 $C(\cdot)$：

设 $0 \leqslant (u_0, v_0) \in W^{1,p}(\Omega)^2$，其中 $p>N$，则系统（2-75）有一个唯一的非负古典且全局的解：

$$0 \leqslant (u,v) \in (C([0,\infty);W^{1,p}(\Omega)) \cap C^{2,1}(\overline{\Omega}\times(0,\infty)))^2 \tag{2-84}$$

使得对于任意的 $\tau>0$ 均有

$$\| u(t) \|_{1,\infty} + \| v(t) \|_{\infty} \leqslant C(M(\tau)) \quad \forall t \geqslant \tau \tag{2-85}$$

其中

$$M(\tau) := \| K_0+(u_0, v_0) \|_{\infty} + \| v(\tau) \|_{\infty} + \| (A+1)^{\theta} u(\tau) \|_k \tag{2-86}$$

此外，$k>N$ 和 $\theta \in ((1+N/k)/2, 1)$ 是常数。

考虑如下古典的捕食食饵系统：

$$\begin{cases} \dfrac{\partial u}{\partial t} = d_1 \Delta u + f_1(u) - \varphi(u,v) & x \in \Omega, t > 0 \\ \dfrac{\partial v}{\partial t} = d_2 \Delta v - \nabla \cdot (q(v)\nabla u) + c\varphi(u,v) - f_2(v) & x \in \Omega, t > 0 \\ \dfrac{\partial u}{\partial n} = \dfrac{\partial v}{\partial n} = 0 & x \in \partial\Omega, t > 0 \\ u(x,0) = u_0(x) \geqslant 0, v(x,0) = v_0(x) \geqslant 0 & x \in \Omega \end{cases} \tag{2-87}$$

这里，$c>0$ 表示转换率，$f_1(u)$ 表示食饵的生长率，$f_2(v)$ 表示捕食者的死亡率，$\varphi(u,v) \geqslant 0$ 表示捕食率。

在系统（2-87）里，传统上，食饵的生长率 $f_1(u)$ 有两种基本模式：

(logistic) $f_1(u)= c_1u\left(1-\dfrac{u}{K_1}\right)$，(Allee 效应)。$f_1(u)= c_1u\left(1-\dfrac{u}{K_1}\right)\left(\dfrac{u}{K_2}-1\right)$

其中 $c_1>0$，$K_1>0$ 和 $0<K_2<K_1$ 均为常数。相应地，捕食者的死亡率 $f_2(v)$ 也有两种基本模式：

（线性的）$f_2(v)=c_2v$，（二次的）$f_2(v)=c_2v+c_3v^2$

其中 $c_2>0$ 和 $c_3>0$ 均为常数。再者，捕食者捕获率则有以下表示 $\varphi(u,v)=v\Phi(u)$，其中 $\Phi(u)$ 是功能性的反应函数，基本模式有：

（Holling-Ⅰ型）$\Phi(u)=c_4u$，（Holling-Ⅱ型）$\Phi(u)=\dfrac{c_4u}{c_5+u}$

（Holling-Ⅲ型）$\Phi(u)=\dfrac{c_4u^m}{c_5+u^m}$，（Ivlev 型）$\Phi(u)=c_4(1-e^{-c_5u})$

其中 $c_4>0$，$c_5>0$ 和 $m>0$ 均为常数。最后，趋化效应函数也有三种基本模式：

（线性的）$q(v)=c_6v$

（饱和的）$q(v)=\frac{c_6u}{1+c_7u^n}$，（Ricker 式的）

$q(v)=c_6ve^{-c_7v}$

其中 $c_6>0$，$c_7>0$ 和 $n\geqslant 1$ 均为常数。

为应用我们的一般定理 2.2，令

$$g(u,v):=f_1(u)-\varphi(u,v),\ h(u,v):=c\varphi(u,v)-f_2(v) \tag{2-88}$$

而 $q(v)$ 则保持原式。假设 f，f_2 和 φ 取上述的基本模式之一。则我们容易看到，条件（H1）自动被满足。而条件（H2）（H3）里的相应指数 β，γ 的值，则有

$$\text{（线性的）}f_2:\ \gamma=1,\ \text{（二次的）}f_2:\ \gamma=2 \tag{2-89}$$

对于上述所有情形的选择，我们均有

$$\beta=1 \tag{2-90}$$

最后，$q(v)$ 的生长指数，则有

$$\text{（线性的）}q:\ \alpha=1,\ \text{（饱和的和 Ricker 式的）}q:\ \alpha=0 \tag{2-91}$$

容易验证，在上述选择下，相应系统（2-87）的非负局部古典解 (u,v) 均使得 $\|v(t)\|_1$ 是一致有界的。因此，我们上述的定理 2.2 保证，系统（2-87）的非负古典解 (u,v) 均是全局且一致有界的，若 (α,β,γ) 满足

$$\alpha\leqslant 1,\ \alpha<\max\{1/(N-1),\ (\gamma-1)/2\} \tag{2-92}$$

这里用到式（2-90）的结果，即 $\beta=1$。若 $N=1$，则式（2-92）对任意的增长幂次 α 不超过 1 的趋化效应均是满足的，特别是上述的各式增长：线性的、饱和的和 Ricker 式的。一般地，若 $N\geqslant 2$ 则式（2-92）只对饱和的和 Ricker 式的有效（此时 $\alpha=0$）。当然，一些次线性增长的趋化效应也可满足条件（2-92）。

为结束本章，我们给出一个最近得到的最一般的结果。这个结果的证明类似于上述的自助法。

我们要研究的多种群食饵趋化模型具有如下形式：

$$\begin{cases} U_t = D_1 \Delta U + g(U,V) & x \in \Omega, t > 0 \\ V_t = D_2 \Delta V - CT(U,V) + h(U,V) & x \in \Omega, t > 0 \\ \dfrac{\partial U}{\partial n} = 0 = \dfrac{\partial V}{\partial n} & x \in \partial\Omega, t > 0 \\ U(x,0) = U_0(x) \geqslant 0, V(x,0) = V_0(x) \geqslant 0 & x \in \Omega \end{cases} \tag{2-93}$$

其中 $U=(u_1, \cdots, u_m)$ 代表 m 个食饵种群密度函数，$V=(v_1, v_2, \cdots, v_n)$ 代表 n 个食饵种群密度函数；Ω 是 $\mathbb{R}^N$（$N\geqslant1$）中带有光滑边界的有界区域；n 是齐次 Neumann 边界条件下的单位外法向量。假设扩散矩阵是严格正定的，即

$$D_1=\mathrm{diag}(d_1, \cdots, d_m),\ D_2=\mathrm{diag}(d'_1, \cdots, d'_n) \tag{2-94}$$

其中 $d_i>0$ 及 $d'_j>0$，趋化项 $CT(U, V)$ 满足：

$$CT(U, V)_i := \nabla\left(\sum_{i=1}^{m} q_{ij}(U, V)\nabla u_j\right) \quad (i=1, \cdots, n) \tag{2-95}$$

从生物学上讲，$g(U, V)$（$h(U, V)$）表示食饵（捕食者）的增长函数。假设捕食者 V 被食饵 U 吸引，从而沿着食饵的负梯度方向移动，同时这种移动是依赖于捕食者密度的。为了叙述方便，正如第二节我们对趋化函数、增长函数及反应功能函数有如下假设：（H1）g：$\mathbb{R}_+^m\times\mathbb{R}_+^n\to\mathbb{R}_+^m$，$h$：$\mathbb{R}_+^m\times\mathbb{R}_+^n\to\mathbb{R}_+^n\in C^1$ 且满足：

$$\begin{aligned} &g(U, V)_i\geqslant0 \quad \forall U, V\geqslant0 \quad 满足 \quad u_i=0\ (i=1, \cdots, m) \\ &h(U, V)_j\geqslant0 \quad \forall U, V\geqslant0 \quad 满足 \quad v_j=0\ (j=1, \cdots, n) \end{aligned} \tag{2-96}$$

此外存在常向量 $K_0 \geqslant 0$ 满足如对于所有的 $(U, V) \in \mathbb{R}_+^m \times \mathbb{R}_+^n$，均有：

$$g(U, V)_i \leqslant 0, \ u_i \geqslant (K_0)_i \ (i=1, \cdots, m) \tag{2-97}$$

(H2) q_{ij}: $\mathbb{R}_+^m \times \mathbb{R}_+^n \to \mathbb{R} \in C^1$，$q_{ij}(U, 0) = 0$，$\forall 0 \leqslant U \in \mathbb{R}_+^m$，且存在正常数 $C_q > 0$ 及非负向量$\{\alpha_i, 1 \leqslant i \leqslant n\}$使得

$$\sum_{j=1}^{m} |q_{ij}(U, V)| \leqslant C_q(1 + v_i^{\alpha_i}) \quad \forall (U, V) \in \mathbb{R}_+^m \times \mathbb{R}_+^n (i=1, \cdots, n) \tag{2-98}$$

存在非负向量$\{\beta_i, 1 \leqslant i \leqslant n\}$及一个连续的正函数 φ_0: $\mathbb{R}_+^m \to \mathbb{R}_+$ 使得

$$\sum_{i=1}^{m} |g_i(U, V)| \leqslant \varphi_0(U) \times \left(1 + \sum_{j=1}^{n} V_j^{\beta_j}\right), \ \forall (U, V) \in \mathbb{R}_+^m \times \mathbb{R}_+^n \tag{2-99}$$

(H3) 存在常数$\{\gamma_i, i=1, \cdots, n\}$及连续正函数 φ_k: $\mathbb{R}_+^m \to \mathbb{R}_+$ $(k=1, 2)$ 使得对于 $(U, V) \geqslant 0$ 及每个 i，$1 \leqslant i \leqslant$，均有

$$|h(U, V)_i| \leqslant \varphi_1(U) + \varphi_2(U) v_i^{\gamma_i} \tag{2-100}$$

首先我们得到解的局部存在性结果。

引理 2.5 假设 (H1) 成立。令 $0 \leqslant (U_0, V_0) \in W^{1,p}(\Omega)^{m+n}$，$p > N$，则有

(i)存在 $T_{\max} > 0$（最大区间）使得式 (2-93) 有唯一的非负古典解：

$$0 \leqslant U \in (C([0, T_{\max}); W^{1,p}(\Omega) \cap C^{2,1}(\bar{\Omega} \times (0, T_{\max})))^m$$

$$0 \leqslant V \in (C([0, T_{\max}); W^{1,p}(\Omega) \cap C^{2,1}(\bar{\Omega} \times (0, T_{\max})))^n \tag{2-101}$$

且对于 i，$1 \leqslant i \leqslant m$，均有

$$0 \leq U(t)_i \leq \max\{(K_0)_i, \ \|U_{i0}\|_\infty\} \quad \forall t<T_{\max} \tag{2-102}$$

(ii)如果 $t_1>0$，那么存在依赖于 t_1 和 $\|(U_0, V_0)\|_{1,p}$ 的常数 $M(t_1)$，使得

$$\|U(t)\|_\infty+\|V(t)\|_\infty \leq M(t_1) \quad \forall 0<t<\min\{t_1, T_{\max}\} \tag{2-103}$$

那么 $T_{\max}=+\infty$。

证明：证明可参见引理 2.1。

这个例子的主要结果如下：

定理 2.3　假设（H1）-（H3）成立。令 $0 \leq (U_0, V_0) \in W^{1,p}(\Omega)^{m+n}$，$p>NB$ 及

$$0 \leq U \in (C([0, T_{\max}); W^{1,p}(\Omega) \cap C^{2,1}(\bar{\Omega}\times(0, T_{\max})))^m$$
$$0 \leq V \in (C([0, T_{\max}); W^{1,p}(\Omega) \cap C^{2,1}(\bar{\Omega}\times(0, T_{\max})))^n]^n \tag{2-104}$$

是引理 2.5 所得到的局部解，其最大存在区间为 $T_{\max}>0$，使得 $U(0, \cdot)=U_0$，$V(0, \cdot)=V_0$。

那么

(i)（全局存在性和有界性）如果

$$\lim_{t\to T_{\max}} \|V(t)\|_1<\infty \tag{2-105}$$

那么且 $T_{\max}=\infty$

$$\limsup_{t\to\infty}(\|U(t)\|_{1,\infty}+\|V(t)\|_\infty)<\infty \tag{2-106}$$

(ii)（爆破）如果 $T_{\max}<\infty$，那么

$$\limsup_{t\to T_{\max}} \|V(t)\|_1=\infty \tag{2-107}$$

我们固定常数 $k>N$ 及 $\{\theta, \theta_1, \theta_2\}$ 使得

$$(1+N/k)/2<\theta<1, \ N/(2k)<\theta_1<1, \ 1/2+\theta_1<\theta_2<1 \tag{2-108}$$

由引理1.6可得如下估计：

$$\| u \|_{1,\infty} \leqslant C \cdot \| (A+1)^{\theta} u \|_{k} \quad \forall u \in D((A+1)^{\theta}) \tag{2-109}$$

$$| | u | |_{\infty} \leqslant C \cdot \| (A+1)^{\theta_1} u \|_{k} \quad \forall u \in D((A+1)^{\theta_1}) \tag{2-110}$$

$$\| (A+1)^{\theta_1} \mathrm{e}^{-t(A+1)} u \|_{k} + \| (A+1)^{\theta_1} \mathrm{e}^{-tA} \nabla \cdot u \|_{k} \leqslant C \cdot t^{-\theta_2} \mathrm{e}^{-\gamma t} \| u \|_{k} \tag{2-111}$$

这里 $t>0$，$u \in L^k(\Omega)$，$C>0$，$\gamma>0$ 是常数。

考虑由引理2.5得到的古典解，最大存在区间为 $T_{\max}$，接下来固定 $\tau \in (0, T_{\max})$，令

$$M(\tau) := \| K_0 + U_0 \|_{1,\infty} + \| V(\tau) \|_{\infty} + \| (A+1)^{\theta} U(\tau) \|_{k} \tag{2-112}$$

$$W_i(t) := \sup_{\tau \leqslant s \leqslant t} \| v_i(t) \|_{k},\ H(t) := \sup_{\tau \leqslant s \leqslant t} \| U(s) \|_{1,\infty} \quad \forall t \in [\tau, T_{\max}) \tag{2-113}$$

$H(\cdot)$是非降函数，这个性质后面将要用到。记

$$V_i(t) := \int_{\Omega} v_i(t)^k \mathrm{d}x \tag{2-114}$$

我们借助 $H(\cdot)$ 及 V 的 k-范数估计 $\| V(\cdot) \|_{\infty}$。

引理2.6　假设（H3）成立。那么

$$\| v_i(t) \|_{\infty} \leqslant \| v_i(\tau) \|_{\infty} + C \cdot [1 + H(t) W_i(t)^{\max\{\alpha_i, \gamma_i\}}] \quad \forall t \in [\tau, T_{\max}) \tag{2-115}$$

其中 $C>0$ 是常数。

证明：令

$$\varphi(t) := d'_i v_i(t) + h(U, V)_i(t) \quad t \in [0, T_{\max}) \tag{2-116}$$

由（H3）可知存在常数 $C_1 \geqslant 0$，$C_2 \geqslant 0$ 使得

$$| \varphi(t) | \leqslant C_1 + C_2 v_i(t)^{\gamma_i} \quad \forall t \in [\tau, T_{\max}) \tag{2-117}$$

考虑 $t \in [\tau, T_{\max})$，类似于（2-46）对式（2-93）应用常数变易

法，我们可以得到

$$0\leqslant v_i(t)=\hat{T}_i(t-\tau)v_i(\tau)+X_1(t)+X_2(t) \tag{2-118}$$

其中 $\hat{T}_i(s):=\mathrm{e}^{-d'_i(A+1)s}=\mathrm{e}^{-d'_is}T(d'_is)$

$$X_1(t):=-\int_\tau^t\hat{T}_i(t-s)\nabla\Big(\sum_{j=1}^m q_{ij}(U,V)\nabla u_j(s)\Big)\mathrm{d}s$$

$$X_2(t):=\int_\tau^t\hat{T}_i(t-s)\varphi(s)\mathrm{d}s \tag{2-119}$$

因为每个 $\hat{T}_i(\cdot)$ 都是 $L^\infty(\Omega)$ 上的压缩映射，所以

$$\|\hat{T}_i(t-\tau)v_i(\tau)\|_\infty\leqslant\|V_i(\tau)\|_\infty \tag{2-120}$$

此外，

$$\begin{aligned}\|X_1(t)\|_\infty&\leqslant C\cdot\|(A+1)^{\theta_1}X_1(t)\|_k\\&\leqslant C\cdot\int_\tau^t\|(A+1)^{\theta_1}\hat{T}_i(t-s)\Big(\nabla\sum_{j=1}^m q_{ij}(U,V)\nabla u_j(s)\Big)\|_k\mathrm{d}s\\&\leqslant C\cdot\int_\tau^t(t-s)^{-\theta_2}\mathrm{e}^{-\gamma(t-s)}\|\sum_{j=1}^m q_{ij}(U,V)\nabla u_j(s)\|_k\mathrm{d}s\\&\leqslant C\cdot\int_\tau^t(t-s)^{-\theta_2}\mathrm{e}^{-\gamma(t-s)}\Big(\sum_{j=1}^m\|q_{ij}(U,V)\nabla u_j(s)\|_k\Big)\mathrm{d}s\\&\leqslant C\cdot\int_\tau^t(t-s)^{-\theta_2}\mathrm{e}^{-\gamma(t-s)}H(s)\|1+v_i(s)^{\alpha_i}\|_k\mathrm{d}s\\&\leqslant C\cdot(1+H(t)W_i(t)^{\alpha_i})\int_\tau^t(t-s)^{-\theta_2}\mathrm{e}^{-\gamma(t-s)}\mathrm{d}s\\&\leqslant C\cdot\Gamma(1-\theta_2)\cdot(1+H(t)W_i(t)^{\alpha_i})\end{aligned} \tag{2-121}$$

其中 $\Gamma(\cdot)$是通常的 Gamma 函数。

此外

$$\|X_2(t)\|_\infty\leqslant C\cdot\|(A+1)^{\theta_1}X_1(t)\|_k\mathrm{d}s$$

$$\leqslant C\cdot\int_{\tau}\|(A+1)^{\theta_1}\hat{T}_i(t-s)\varphi(s)\|_k\mathrm{d}s$$

$$\leqslant C\cdot\int_{\tau}^{t}(t-s)^{-\theta_2}\mathrm{e}^{-\gamma(t-s)}\|\varphi(t-s)\|_k\mathrm{d}s$$

$$\leqslant C\cdot\int_{\tau}^{t}(t-s)^{-\theta_2}\mathrm{e}^{-\gamma(t-s)}(C_1+C_2\|v_i(s)\|_k^{\gamma_i})\mathrm{d}s$$

$$\leqslant C\cdot(1+W_i(t)^{\gamma_i})\int_{\tau}^{t}(t-s)^{-\theta_2}\mathrm{e}^{-\gamma(t-s)}\mathrm{d}s$$

$$\leqslant C\cdot\Gamma(1-\theta_2)\cdot(1+W_i(t)^{\gamma_i})\tag{2-122}$$

结合式（2-120）~式（2-122）可得

$\|v_i(t)\|_{\infty}\leqslant\|v_i(\tau)\|_{\infty}+C\cdot(1+H(t)W_i(t)^{\max\{\alpha_i,\gamma_i\}})$

这表明式（2-115）成立，证明完毕。

接下来我们用 V 的 k-范数估计 H。

引理 2.7

$$H(t)\leqslant C\cdot[1+\max_{1\leqslant i\leqslant n}W_i(t)^{\beta_i}]\quad\forall t\in[\tau,T_{\max})\tag{2-123}$$

证明：由常数变易法可知

$$u_i(t)=T_i(t-\tau)u_i(\tau)+U_1(t),\ U_1(t):=\int_{\tau}^{t}T_i(t-s)\varphi(s)\mathrm{d}s\tag{2-124}$$

其中

$$T_i(s):=\mathrm{e}^{-d_i(A+1)s}=\mathrm{e}^{-d_is}T(d_is),\ \varphi(s):=d_iu_i(s)+g(U,V)_i(s)\tag{2-125}$$

当 $s\geqslant\tau$ 时，我们有

$$\|\varphi(s)\|_k\leqslant d_i\|u_i(s)\|_k+\|g(U,V)_i(s)\|_k$$

$$\leqslant C\cdot(M(\tau)+\max_{1\leqslant j\leqslant n}\|v_j(s)^{\beta_j}\|_k)$$

$$\leqslant C\cdot(M(\tau)+\max_{1\leqslant i\leqslant n}W_i(s)^{\beta_i})\tag{2-126}$$

因此

$$
\begin{aligned}
\| U_1(t) \|_{1,\infty} &\leqslant C \cdot \| (A+1)^{\theta} U_1(t) \|_k \mathrm{d}s \\
&\leqslant C \cdot \int_{\tau} \| (A+1)^{\theta} T_i(t-s)\varphi(s) \|_k \mathrm{d}s \\
&\leqslant C \cdot \int_{\tau}^{t} (d_i(t-s))^{-\theta} \mathrm{e}^{-\gamma d_i(t-s)} \| \varphi(s) \|_k \mathrm{d}s \\
&\leqslant C \cdot \int_{\tau}^{t} (d_i(t-s))^{-\theta} \mathrm{e}^{-\gamma d_i(t-s)} \cdot (M(\tau) + \max_{1\leqslant i\leqslant n} W_i(s)^{\beta_i}) \mathrm{d}s \\
&\leqslant C \cdot (M(\tau) + \max_{1\leqslant i\leqslant n} W_i(t)^{\beta_i}) \cdot \int_0^{\infty} (d_i s)^{-\theta} \mathrm{e}^{-\gamma d_i s} \mathrm{d}s \\
&\leqslant C \cdot \Gamma(1-\theta)(M(\tau) + \max_{1\leqslant i\leqslant n} W_i(t)^{\beta_i})
\end{aligned}
\tag{2-127}
$$

上面的 C 是某个只依赖于 k 以及 $M(\tau)$ 的常数。此外

$$
\begin{aligned}
\| T_i(t-\tau) u_i(\tau) \|_{1,\infty} &\leqslant C \cdot \| T_i(t-\tau)(A+1)^{\theta} u_i(\tau) \|_k \\
&\leqslant C \cdot \| (A+1)^{\theta} u_i(\tau) \|_k
\end{aligned}
\tag{2-128}
$$

其中最后一个不等式成立是因为 $T_i(\cdot)$ 是 $L^k(\Omega)$ 上的压缩映射。

结合式（2-127）、式（2-128）及式（2-124），我们可得式（2-123）。

下面的引理是 Gagliardo- Nirenberg 不等式的推广。

引理 2.8　若 $k>1$ 及 p 满足

$$
1+\frac{2}{kN} \leqslant p < \frac{1}{\max\{0, 1-2/N\}} \tag{2-129}
$$

那么存在依赖于 k、p 及 Ω 的常数 $c_1>0$，$c_2>0$，使得对于每个 $0 \leqslant u \in W^{1,pk}(\Omega)$，有如下估计：

$$
\| \nabla u^{k/2} \|_2^2 \geqslant c_2 \cdot \| u \|_1^{-c_0} \cdot \| u^{\tau} \|_1 - c_1 \cdot \| u^k \|_1 \tag{2-130}
$$

其中 $c_0:=pk(1/p+2/N-1)/(pk-1)>0$ 及 $\tau:=pk(pk-1)/(k-1+2/N)$。

特别的，当 $\tau>k+2k/N$ 时，式（2-130）成立。

证明：

令

$$q:=2p/(1+p)\in[1,2) \tag{2-131}$$

则有

$$q/(2-q)=p,\ a:=1/p-1/q+1/N=(1/p+2/N-1)/2>0 \tag{2-132}$$

那么由引理 1.3 的 Gagliardo-Nirenberg 不等式可知

$$\|u^k\|_p\leqslant C\cdot(\|\nabla u^k\|_q+\|u^k\|_q)^\lambda\cdot\|u^k\|_{1/k}^{1-\lambda}$$

其中

$$\lambda:=(k-1/p)/(k-1/q+1/N)\in(0,1) \tag{2-133}$$

注意到

$$\nabla u^k=ku^{k-1}\nabla u=2\cdot u^{k/2}\nabla u^{k/2}$$

那么由 Hölder 不等式可知

$$(1/2)\ \|\nabla u^k\|_q=\|u^{k/2}\mid\nabla u^{k/2}\|_q\leqslant\|\nabla u^{k/2}\|_2\cdot\|u^{qk/2}\|_{2/(2-q)}^{1/q}$$

由式（2-132）可得

$$\|u^{qk/2}\|_{2/(2-q)}^{1/q}=\|u^{qk/(2-q)}\|_1^{(1-q/2)/q}=\|u^k\|_p^{1/2}$$

此外，由于 $q\leqslant p$，因此 $\|u^k\|_q\leqslant C\cdot\|u^k\|_p$，从而

$$\|\nabla u^{k/2}\|_2^2\geqslant C_1\cdot\|u\|_1^{2k(1-1/\lambda)}\cdot\|u^k\|_p^{\kappa_1}-C_2\cdot\|u^k\|_p \tag{2-134}$$

其中 $C_1>0$，C_2 是两个常数，且 $\kappa_1:=1+2(1/\lambda-1)$ 成立。由式（2-133）及式（2-132）可得

$$\kappa_2:=\kappa_1/p=[1+2a/(k-1/p)]/p=(k-1+2/N)/(pk-1)$$

利用式（2-129），我们有 $\kappa_2 \leqslant 1$。再次由 Hölder 不等式可知

$$\| u^{pk/\kappa 2} \|_1 \leqslant | \Omega |^{1-\kappa_2} \cdot \| u^{pk} \|_1^{\kappa_2} = | \Omega |^{1-\kappa} \cdot \| u^k \|_p^{| k_1} \qquad (2-135)$$

将式（2-135）带入式（2-134）可得式（2-130）。

最后，因为 $p:=1+2/N$ 满足式（2-129），$k>1$ 及 $N \geqslant 1$。因此

$$\tau = pk(pk-1)/(k-1+2/N) = pk+2pk(k-1)/(N(k-1)+2) > pk = k+2k/N$$

证明完毕。

引理 2.9　固定 i，我们假设存在 $L>0$ 使得

$$\| v_i(t) \|_1 \leqslant L \quad \forall t \geqslant 0 \qquad (2-136)$$

进一步假设 $k>N$ 足够大使得

$$(k-1+\max\{(2\alpha_i-1), \gamma_i\})/(k+2k/N) < 1 \qquad (2-137)$$

那么

$$\| v_i(t) \|_k \leqslant C \cdot \max\{1+\| v_i(0) \|_k, H(t)^{\kappa}\} \qquad (2-138)$$

其中 $\kappa<2/k$ 是正常数。

证明：由条件可得

$$\dot{V}_i(t)/k = \int_\Omega v_i^{k-1}(v_i)_t = E_1 + E_2 + E_3$$

其中

$$E_1 := d'_i \int_\Omega v_i^{k-1} \Delta v_i \mathrm{d}x, \quad E_2 := -\int_\Omega v_i^{k-1} \nabla \cdot \left(\sum_{i=1}^m q_{ij}(U, V) \nabla u_j \right) \mathrm{d}x$$

$$E_3 := \int_\Omega v_i^{k-1} h(U, V)_i \mathrm{d}x$$

将(v_i^{k-1}, v_i)应用到式(1-42)可得

$$E_1 = -d'_i \int_\Omega (\nabla v_i^{k-1}) \cdot \nabla v_i \mathrm{d}x = -d'_i (k-1) \int_\Omega v_i^{k-2} |\nabla v_i|^2 \mathrm{d}x$$

$$= -4d'_i (k-1) k^{-2} \int_\Omega |\nabla v_i^{k/2}|^2 \mathrm{d}x \qquad (2-139)$$

$$E_2 = \int_\Omega \left(\sum_{j=1}^m q_{ij}(U, V) \nabla u_j \right) \cdot \nabla v_i^{k-1} \mathrm{d}x$$

$$\leqslant \int_{\Omega}\Big(\sum_{j=1}^{m}|q_{ij}(U,\ V)|\cdot|\nabla u_j|\cdot|\nabla v_i^{k-1}|\Big)\,\mathrm{d}x$$

$$\leqslant C_q(k-1)H(t)\int_{\Omega}v_i^{k-2}(1+v_i^{\alpha_i})\,|\nabla v_i|\mathrm{d}x \qquad (2-140)$$

因为

$$C_qH(t)(1+v_i^{\alpha_i})|\nabla v_i|\leqslant C_q^2H(t)2(1+v_i^{\alpha_i})^2/d'_i+(d'_i/2)|\nabla v_i|^2$$

$$\leqslant 2C_q^2H(t)2(1+v_i^{2\alpha_i})/d'_i+(d'_i/2)|\nabla v_i|^2$$

则有

$$\dot{V}_i(t)/k\leqslant G_i+E_3+Z_i \qquad (2-141)$$

其中

$$G_i:=\rho(t)\|v_i^{k-2}+v_i^{k-2+2\alpha_i}\|_1 \text{ with } \rho(t):=[2(k-1)C_q^2H(t)^2/d'_i] \qquad (2-142)$$

$$Z_i:=-2d'_i(k-1)k^{-2}\int_{\Omega}|\nabla v_i^{k/2}|^2\mathrm{d}x$$

为了估计 E_3，我们用条件（H2）可找到常数 $C_1>0$，$C_2>0$ 使得

$$|h(U,\ V)_i|\leqslant C_1+C_2v_i^{\gamma_i} \qquad (2-143)$$

那么

$$E_3\leqslant\int_{\Omega}v_i^{k-1}(C_1+C_2v_i^{\gamma_i}) \qquad (2-144)$$

另一方面，由引理 2.8 及式（2-136）可知，

$$Z_i\leqslant c_1\cdot\|v_i^k\|_1-c_2\cdot\|v_i^{\tau}\|_1,\ \tau>k+2k/N \qquad (2-145)$$

其中 $c_1>0$，$c_2>0$ 是常数（依赖于 L）。

结合式（2-141）、式（2-144）及式（2-145）可得

$$\dot{V}_i(t)\leqslant C_3\cdot\|1+v_i^k+v_i^{k-1+\gamma_i}\|_1+\rho(t)\|v_i^{k-2}+v_i^{k-2+2\alpha_i}\|_1-C_4\cdot\|v_i^{\tau}\|_1 \qquad (2-146)$$

其中 $C_3>0$，$C_4>0$ 是两个常数。

注意到 $\tau>k+2k/N$，因此，由式（2-137）、式（2-146）及Young's 不等式，可得

$$\dot{V}_i(t)\leqslant C_5(1+\rho(t)^{1-(k+2(\alpha_i-1))/\tau})-C_6\cdot\|v_i^\tau\|_1 \tag{2-147}$$

其中 $C_5>0$，$C_6>0$ 是两个常数。

再次用 Hölder's 不等式可知

$$V_i(t)=\|v_i^k\|_1\leqslant C\cdot\|v_i^\tau\|_1^{k/\tau}$$

因此

$$\dot{V}_i(t)\leqslant C_5(1+\rho(t)^{1-(k+2(\alpha_i-1))/\tau})-C_7\cdot V_i(t)^{\tau/k} \tag{2-148}$$

其中 $C_7>0$ 是常数。这样由式（2-148）可得如下估计

$$\|v_i(t)\|_k=V_i(t)^{1/k}\leqslant C\cdot\max\{1+\|v_i(0)\|_k,\rho(t)^\kappa\} \tag{2-149}$$

其中

$$\kappa:=\frac{1-(k+2(\alpha_i-1))/\tau}{\tau}<1/\tau<1/k \tag{2-150}$$

这是因为 $\tau>k+2k/N$。注意到 $\rho(t)\sim H(t)^2$，因此式（2-138）成立。

定理 2.3 的证明：假设存在 $L>0$ 使得

$$\|V(t)\|_1\leqslant L\quad\forall t\geqslant 0 \tag{2-151}$$

我们要得到 $H(t)$ 的一致界，其证明思想基于自助法：首先利用函数 $H(\cdot)$ 估计 V 的 k-范数，然后再用 V 的所有 k-范数估计 $H(\cdot)$，最后用一个基本不等式得到最终的结果。

固定 $\tau\in(0,T_{\max})$，令 $t\geqslant\tau$，由条件（2-151）及引理 2.9 可得

$$W_i(t)=\max_{1\leqslant i\leqslant n}\|v_i(t)\|_k\leqslant C\cdot(1+H(t)^K) \tag{2-152}$$

其中 $\kappa<2/k$。其次由引理 2.7 及式（2-152）可知

$$H(t)\leqslant C\cdot(1+H(t)^\mu) \tag{2-153}$$

其中

$$\mu:=\kappa(\max_{1\leqslant i\leqslant n}\beta_i)<(2/k)\max_{1\leqslant i\leqslant n}\beta_i$$

因此如果 $k>N$ 足够大使得 $\mu<1$，那么由式（2-153）可知 $H(t)\leqslant C$，$t\geqslant\tau$。再由引理 2.9 可得 $W_i(t)$ 是一致有界的，因此由引理 2.6 可得 $\| V(t) \|_{\infty}$。这样定理 2.3(i)中的结论成立，而定理 2.3(ii)是定理 2.3(i)的直接推论。

注：系统（2-93）解的渐近行为还是未知的，我们在以后的研究中将考虑这一问题。

2.4 本章小结

本章研究了一类四种群捕食—食饵扩散系统（2-1），其中两类捕食者竞争一对食饵类。我们主要利用半群理论及拟线性抛物方程工具以及自助法，证明了在非常宽松的条件（H1）、（H2）、（H3）下，系统（2-1）的解的全局存在性和一致有界性。这个结果改进许多已知的结论，它将成为本论文以后几章的基础。在本章里我们将其应用于一个古典的两种群捕食—食饵趋化扩散系统（2-75），并导出相应条件以保证系统(2-75)具有全局且一致有界的非负古典解。作为主要结果定理 2.2 的一个直接应用，我们考虑了具有传统生灭模式的模型（2-87），并得到一般情况下（2-87）均有全局且一致有界非负古典解的结论。我们的结果改进了许多已知的结果，参见文献《一类具有非线性食饵趋性的捕食者—食饵模型经典解的全局存在性》[55]、《具食饵趋性的扩散捕食

—食饵模型解的全局存在性和一致持久性》[53]、《具有两个食饵趋性的三种群捕食—被捕食模型经典解的整体存在性》[69]、《具有食饵趋性的捕食者—食饵模型的稳态》[86]、《具有食饵趋性和经典 Lotka-Volterra 动力学的扩散捕食者—食饵模型的全局动力学》[89]。

第3章

带有食饵消耗的三种群捕食—食饵趋化扩散系统

3.1 模型的介绍

我们要研究的模型具有如下形式：

$$\begin{cases}\dfrac{\partial u}{\partial t}=d_1\Delta u-f_1(u)v_1-f_2(u)v_2, x\in\Omega, t>0\\ \dfrac{\partial v_1}{\partial t}=d_2\Delta v_1-\nabla\cdot(q_1(v_1)\nabla_u)+v_1[f_1(u)-v_1-v_2], x\in\Omega, t>0\\ \dfrac{\partial v_2}{\partial t}=d_3\Delta v_2-\nabla\cdot(q_2(v_2)\nabla_u)+v_2[f_2(u)-v_1-v_2], x\in\Omega, t>0\\ \dfrac{\partial u}{\partial t}=\dfrac{\partial v_1}{\partial n}=\dfrac{\partial v_2}{\partial n}=0, x\in\partial\Omega, t>0\\ u(x,0)=u_0(x)\geqslant 0, x\in\Omega\\ v_1(x,0)=v_{10}(x)\geqslant 0, v_2(x,0)=v_{20}(x)\geqslant 0, x\in\Omega\end{cases}\tag{3-1}$$

其中 u 和 v_1，v_2 分别表示食饵和两类捕食者在时间 t 和 x 处的密度函数；栖息地 $\Omega\subset R^N$（$N\geqslant1$）是具有光滑边界的有界区域，齐次 Neumann 边界条件表明系统是封闭的，与外界无通量，n 表示单位外法向量；d_1 和 d_2，d_3 分别表示食饵和两类捕食者的随机运动扩散系数，这种随机运动是由拉普拉斯算子 Δ 所表示；此外，我们有如下条件假设：

（F）f_i：$\mathbb{R}_+\to\mathbb{R}_+$是连续可微的反应功能函数，满足 $f_i(0)=0$，$i=1, 2$。

（H）q_i：$\mathbb{R}_+\to\mathbb{R}_+$是连续可微的函数，满足 $q_i(0)=0$，而且存在两

个非负常数 $\alpha \geqslant 0$，$C_q \geqslant 0$，

$$0<\alpha<\max\{1/(N-1),\ 1/2\}$$

使得对于任意 $v \geqslant 0$ 均有 $|q_i(v)| \leqslant C_q(1+v^{\alpha})$，$i=1$，2。

从生物学上讲，$f_i(u)$ 表示单位捕食者对食饵的消耗率，一些典型的 $f_i(u)$ 可以表示为单调的 Holling Ⅱ型函数 $f_i(u)=m_i u/(a_i+u)$，其中 $m_i>0$ 是食饵 u 的最大增长率，$a_i>0$ 是饱和常数；此外，捕食者 v_1 和 v_2 的运动还具有方向性，它们会朝向食饵 u 增加的方向移动，这种运动用 $-\nabla(q_i(v_i)\nabla u)$ 表示，一般来说这种运动是和捕食者 v_1，v_2 的密度有关，用 $q_i(v_i)$ 表示。

文献［92］提出只具有随机扩散的系统（3-1）并且研究了 $d_1=d_2=d_3$ 时的动力学性质；文献［93］则考虑了类似于（3-1）的随机扩散系统，其中捕食者 v_1 和 v_2 具有指数增长；文献［94］研究了当 $f_1=f_2$ 时，随机扩散系统（3-1）的全局存在性及非负态稳定解的稳定性。

本章的主要任务是研究系统（3-1）的全局动力学性质，特别是解的全局存在性和一致有界性，形象的数值模拟结果进一步表明（3-1）的丰富动力学性质。

3.2 解的全局存在性和有界性

我们要应用第 2 章里的结果去得到系统（3-1）的解的全局存在性和一致有界性，为此，我们考虑新的食饵对 $(u_1=u,\ u_2=0)$。令

$$g_1(u_1, u_2, v_1, v_2):=-f_1(u_1)v_1-f_2(u_1)v_2,\ g_2=0$$

$$h_1(u_1, u_2, v_1, v_2):=v_1[f_1(u_1)-v_1-v_2] \tag{3-2}$$

$$h_2(u_1, u_2, v_1, v_2):=v_2[f_2(u_1)-v_1-v_2]$$

此外，我们考虑

$$q_{11}:=q_1,\ q_{12}:=0,\ q_{21}:=0,\ q_{22}:=q_2 \tag{3-3}$$

容易看出，在上述条件（F）、（H）下，函数组$\{(g_i, h_i): i=1, 2\}$和$\{q_{ij}: 1\leqslant i\leqslant 2\}$满足第2章里的条件（H1）-（H3），并取相应的常数向量$K_0=0$和系数$\{(\alpha_i, \beta_i, \gamma_i): 1\leqslant i\leqslant 2\}$如下：

$$\gamma_i=2,\ \beta_i=1$$

$$\alpha_i=\alpha<\max\{1/(N-1), (\gamma_i+1)/2\}-\beta_i=\max\{1/(N-1)-1, 1/2\} \tag{3-4}$$

为了能够应用第2章里的定理2.1，我们需要一个附加结果。

引理3.1　假设条件（F）、（H）成立，设(u, v_1, v_2)是系统（3-1）的一个解，令

$$W(t):=\int_\Omega(v_1(x, t)+v_2(x, t)+u(x, t))\,dx \tag{3-5}$$

则有

$$W(t):=-\int_\Omega(v_1(x, t)+v_2(x, t))^2dx\leqslant 0 \tag{3-6}$$

证明：令

$$Q_i(t)=\int_\Omega v_i(x, t)\,dx\quad(i=1, 2),\quad Q_3(t):=\int_\Omega u(x, t)\,dx$$

我们有

$$\dot{Q}_i=\int_\Omega v_i(f_i(u)-v_1-v_2)\,dx,\quad \dot{Q}_3=-\int_\Omega v_i(f_1(u)v_1+f_2(u)v_2)\,dx$$

我们只对Q_1证明上述等式。由于对Q_2和Q_3的证明方法完全类似，

故从略。

由于

$$\dot{Q}_1(t)=\int_\Omega [d_2\Delta v_1-\nabla\cdot(q_1(v_1)\nabla u)+v_1(f_1(u)-v_1-v_2)]\,\mathrm{d}x$$

首先，应用格林第一公式（引理 1.1）于函数对$(1,\ v_1)$并且有$\nabla 1\equiv 0$及$\frac{\partial u}{\partial n}\equiv 0$，我们得到

$$\int_\Omega \Delta v_1\mathrm{d}x=0$$

再者，应用散度定理（引理 1.1）于向量场$w:=q_1(v_1)\nabla u$，且

$$(\nabla u)\cdot n|_{\partial\Omega}=\frac{\partial u}{\partial n}|_{\partial\Omega}=0$$

我们有

$$\int_\Omega \nabla\cdot(q_1(v_1)\nabla u)\,\mathrm{d}x=\int_{\partial\Omega} q_1(v_1)(\nabla u)\cdot n\mathrm{d}x=0$$

综合这些结果我们导出$\dot{Q}_1(t)$的如上算式。最后，由于$W(t)=Q_1(t)+Q_2(t)+Q_3(t)$以及

$$\sum_{i=1}^{2} v_i(f_i(u)-v_1-v_2)+(f_1(u)v_1+f_2(u)v_2)=-(v_1(x,\ t)+v_2(x,\ t))^2$$

因此式（3-6）成立。

由引理 3.1 我们立即看出估计$\|v_1(t)+v_2(t)+u(t)\|_1\leqslant\|v_1(0)+v_2(0)+u(0)\|_1$对于所有的$t\geqslant 0$均成立，因此，作为第 2 章里定理 2.1 的一个直接推论，我们有如下全局存在性和一致有界性的结果。

定理 3.1（全局存在和一致有界性）　假设条件（F）、（H）成立，则存在一个满足如下性质的连续函数$C(\cdot)$：

设$0\leqslant(u_0,\ v_{10},\ v_{20})\in W^{1,p}(\Omega)^3$，其中$p>N$，则系统（3-1）有唯一

的非负古典且全局的解

$$0\leqslant(u,\ v_1,\ v_2)\in(C([0,\ \infty);\ W^{1,p}(\Omega))\cap C^{2,1}(\overline{\Omega}\times(0,\ \infty)))^3 \tag{3-7}$$

使得对于任意的 $\tau>0$ 均有

$$\|u(t)\|_{1,\infty}+\|v_1(t)+v_2(t)\|_{\infty}\leqslant C(M(\tau))\ \forall t\geqslant\tau \tag{3-8}$$

其中

$$M(\tau)=\|u_0,\ v_{10},\ v_{20}\|_{\infty}+\|v_1(\tau)+v_2(\tau)\|_{\infty}+\|(A+1)^{\theta}u(\tau)\|_k \tag{3-9}$$

此外，$k>N$ 和 $\theta\in((1+N/k)/2,\ 1)$ 为固定常数。

3.3 耗散结构

下面考虑系统（3-1）的耗散性。

推论 3.1　若 $(u,\ v_1,\ v_2)$ 是系统（3-1）的一个非负周期解，则 u，v_1，v_2 均为常数函数，且 $v_1=0$，$v_2=0$。

证明：对于给定的周期解 $(u,\ v_1,\ v_2)$，我们考虑由（3-1）给出的函数 $W(t)$。根据式（3-6），我们有

$$\dot{W}(t)=-\int_{\Omega}(v_1(x,\ t)+v_2(x,\ t))^2\mathrm{d}x\leqslant 0 \tag{3-10}$$

因此，$W(t)$ 是个非增的周期函数。由基本常识，我们得知 $W(t)$ 是常数，亦即 $\dot{W}(t)=0$。应用式（3-10）及解 $(u,\ v_1,\ v_2)$ 的正性，我们有 $v_1\equiv0$，$v_2\equiv0$ 以及

$$\frac{\partial u}{\partial t}=d_1\Delta u,\frac{\partial u}{\partial n}=0 \tag{3-11}$$

为完成证明，我们考虑一个新的函数

$$K(t):=\frac{1}{2}\int_{\Omega}u(t)^2\mathrm{d}x$$

则 $K(t)$ 是个周期函数，且

$$\dot{K}(t):=\int_{\Omega}u(t)\frac{\partial u}{\partial t}\mathrm{d}x=d_1\int_{\Omega}u(t)\Delta u(t)\mathrm{d}x$$

注意到$\frac{\partial u}{\partial n}\equiv 0$，我们可应用式（1-42）于函数对$(u,u)$并得到

$$\dot{K}(t)=-d_1\int_{\Omega}|\nabla u(t)^2|\mathrm{d}x\leqslant 0 \tag{3-12}$$

因此，从 $K(t)$ 的周期性我们得到 $\dot{K}(t)\equiv 0$。回到式（3-12），我们推导出 $|\nabla u(t)|\equiv 0$。故此，我们证明了 u 必须是常数函数。证毕。

3.4 稳定性分析

对系统（3-1）的非负稳态解的形式及其稳定性，我们有如下一般结果。

定理 3.2 若对任意 $u>0$ 均有 $f_1(u)+f_2(u)>0$，则系统（3-1）的任意平凡稳态解 $U_*=(u_*,0,0)$ 都是不稳定的，其中 $u_*>0$ 是个常数。

证明：我们应用众所周知的结论，即系统（3-1）在一般稳态解 $U=(u,v_1,v_2)$ 处的稳定性是由它在 U 处的线性化系统的特征值问题决定，通过计算，我们看到这个线性化系统有如下表示：

$Z_t = LZ$

其中

$$L:=\begin{pmatrix} d_1\Delta - f'_1(u) - f'_2(u) & -f_1(u) & -f_2(u) \\ q_1(v_1)\Delta + v_1 f'_1(u) & d_2\Delta + \delta_1 & -v_1 \\ q_2(v_2)\Delta + v_2 f'_2(u) & -v_2 & d_3\Delta + \delta_2 \end{pmatrix}$$

$\delta_1 := q'_1(v_1)\Delta u + f_1(u) - 2v_1 - v_2$

$\delta_2 := q'_2(v_2)\Delta u + f_2(u) - v_1 - 2v_2$

特别地，在给定的平凡稳态解 $U_* = (u_*, 0, 0)$ 处，我们有

$$L=\begin{pmatrix} d_1\Delta - f'_1(u_*) - f'_2(u_*) & -f_1(u_*) & -f_2(u_*) \\ 0 & d_2\Delta + f_1(u_*) & 0 \\ 0 & 0 & d_3\Delta + f_2(u_*) \end{pmatrix}$$

这里我们用到 $q_1(0) = 0 = q_2(0)$ 的假设。当 $\lambda = f_1(u_*)$ 和 $\lambda = f_2(u_*)$ 时，特征值问题 $LZ = \lambda Z$ 均有非零的常数解，因此，我们看出 L 有一个严格正的特征值，故系统（2-1）在给定的平凡稳态解 $U_* = (u_*, 0, 0)$ 上是不稳定的，若 $f_1(u_*) + f_2(u_*) > 0$。证毕。

现在我们着力考虑食饵趋化对 (u^*, v_1^*, v_2^*) 稳定性的影响。为此，需要在适当的情况下为函数 $q(u)$ 设置一些更特殊的条件。正如在定理 2.3 中所述，系统（3-1）在常稳态解 $U = (u^*, v_1^*, v_2^*)$ 的线性化问题可表示为

$Z_t = LZ := D\Delta Z + F \cdot Z$

这里

$$D=\begin{pmatrix} d_1 & 0 & 0 \\ -\chi_1 q(\nu_1^*) & d_2 & 0 \\ -\chi_2 q(\nu_2^*) & 0 & d_3 \end{pmatrix}$$

$$F=\begin{pmatrix} -f'(u^*)(v_1^*+v_2^*) & -f(u^*) & -f(u^*) \\ v_1^*f'(u^*) & f(u^*)-2v_1^*-v_2^* & -v_1^* \\ v_2^*f'(u^*) & -v_1^* & f(u^*)-v_1^*-2v_2^* \end{pmatrix}$$

那么由 Fourier 展开，$LZ=\mu Z$ 的特征值 μ 仍可以表示为矩阵 L_n 特征值的并集，这里

$$L_n=\begin{pmatrix} -d_1\lambda_n-f_1'(u^*)v_1^*-f_2'(u^*)v_2^* & -f_2(u^*) & -f_2(u^*) \\ \chi_1q(v_1^*)\lambda_n+v_1^*f_1'(u^*) & -d_2\lambda_n+f_1(u^*) & -2v_1^*-v_2^*-v_1^* \\ \chi_2q(v_2^*)\lambda_n+v_2^*f_2'(u^*) & -v_2^*-d_3\lambda_n+f_2(u^*) & -v_1^*-2v_2^* \end{pmatrix}$$

其中 $\lambda_n=(n=0,1,2,\cdots)$ 是 Δ 算子化 Neumann 边界条件下的特征值。注意系统（2.1）的非负常稳态解只有 $(u,v_1,v_2)=(u_*,0,0)$，则在 $(u_*,0,0)$ 处，

$$L_n=\begin{pmatrix} -d_1\lambda_n & -f_1(u_*) & -f_2(u_*) \\ \chi_1q(0)\lambda_n & -d_2\lambda_n+f_1(u_*) & 0 \\ \chi_2q(0)\lambda_n & 0 & -d_3\lambda_n+f_2(u_*) \end{pmatrix}$$

$$=\begin{pmatrix} -d_1\lambda_n & -f_1(u_*) & -f_2(u_*) \\ 0 & -d_2\lambda_n+f_1(u_*) & 0 \\ 0 & 0 & -d_3\lambda_n+f_2(u_*) \end{pmatrix}$$

因此，在 $U_*=(u_*,0,0)$ 处，L_n 的一个特征值为 $n=0$ 时的特征值 $f_1(u_*)>0$，这表明对于系统（3-1），$U_*=(u_*,0,0)$ 仍然是不稳定的。

这部分主要研究食饵趋化系数 χ_1 和 χ_2 对系统（2-1）常数稳态解的稳定性影响。为此我们首先分析没有食饵趋化时（即 $\chi_1=0$ 及 $\chi_2=0$）稳态解的稳定性，此时我们需要对函数 $q(u)$ 做适当的条件限制。此时的稳态解满足：

$$\begin{cases}\dfrac{\partial u}{\partial t}=d_1\Delta u-f_1(u)v_1-f_2(u)v_2,x\in\Omega,t>0\\ \dfrac{\partial v_1}{\partial t}=d_2\Delta v_1+v_1[f_1(u)-v_1-v_2],x\in\Omega,t>0\\ \dfrac{\partial v_2}{\partial t}=d_3\Delta v_2+v_2[f_2(u)-v_1-v_2],x\in\Omega,t>0\\ \dfrac{\partial u}{\partial t}=\dfrac{\partial v_1}{\partial n}=\dfrac{\partial v_2}{\partial n}=0,x\in\partial\Omega,t>0\\ u(x,0)=u_0(x)\geqslant 0,v_1(x,0)=v_{10}(x)\geqslant 0,v_2(x,0)=v_{20}(x)\geqslant 0,x\in\Omega\end{cases}$$

(3-13)

定理 3.3　系统（3-1）的平凡稳态解 $U_*=(u_*,\ 0,\ 0)$ 是不稳定的，其中 $u^*>0$ 是满足 $\int_\Omega u_0(x)\mathrm{d}x=|\Omega|u_*$ 的常数。

证明：众所周知（参见文献［95］），系统（3-1）的稳态解 $U=(u,\ v_1,\ v_2)$ 的稳定性是由系统在 U 处线性化算子 $U=(u,\ v_1,\ v_2)$：

$$Z_t=LZ:=D\Delta Z+F\cdot Z$$

其中

$$D=\begin{pmatrix}d_1&0&0\\0&d_2&0\\0&0&d_3\end{pmatrix},\ F=\begin{pmatrix}-f'(u)(v_1+v_2)&-f(u)&-f(u)\\ v_1f'(u)&f(u)-2v_1-v_2&-v_1\\ v_2f'(u)&-v_2&f(u)-v_1-2v_2\end{pmatrix}$$

的特征值问题决定。那么由 Fourier 展开（参见文献［96］）可知，$LZ=\mu Z$ 的特征值 μ 可表示为所有矩阵 $L_n(n>0)$ 特征值的并集，这里

$$L_n=\begin{pmatrix}-d_1\lambda_n-f'_1(u)v_1-f'_2(u)v_2&-f_1(u)&-f_2(u)\\ v_1f'_1(u)&-d_2\lambda_n+f_1(u)-2v_1-v_2&-v_1\\ v_2f'_2(u)&-v_2&-d_3\lambda_n+f_2(u)-v_1-2v_2\end{pmatrix}$$

其中 $\lambda_n=(n=0, 1, 2, \cdots)$ 是 Δ 算子在 Neumann 边界条件下的特征值。

那么在 $(u, v_1, v_2)=(u_*, 0, 0)$ 处，

$$L_n=\begin{pmatrix} -d_1\lambda_n & -f_1(u_*) & -f_2(u_*) \\ 0 & -d_2\lambda_n+f_1(u_0) & 0 \\ 0 & 0 & -d_3\lambda_n+f_2(u_*) \end{pmatrix}$$

当 $n=0$ 时，矩阵 L_0 的一个特征值是 $f_1(u_*)>0$，因此在 $U_*=(u_*, 0, 0)$ 处，L 的一个特征值是 $f_1(u_*)>0$，这也表明 $U_*=(u_*, 0, 0)$ 对于系统（3-1）是不稳定的。

这样定理 3.2 和定理 3.3 表明式（3-1）有非平凡的稳态解，即空间模式生成。此外，当捕食者的扩散系数相等时，我们还可以得到如下的稳态解结果。

定理 3.4　假设 $d_1>0$，$d_2=d_3=d>0$ 且 $f_1(u)=f_2(u)=f(u)$ 满足条件（F），那么系统（3-1）的非负稳态解只有 $(u^*, 0, 0)$，其中 $u^*>0$ 是常数。

证明：系统（3-1）对应的稳态系统为

$$\begin{cases} \dfrac{\partial u}{\partial t}=d_1\Delta u-f_1(u)v_1-f_2(u)v_2, x\in\Omega \\ \dfrac{\partial v_1}{\partial t}=d_2\Delta v_1-\nabla\cdot(q_1(v_1)\nabla_u)+v_1[f_1(u)-v_1-v_2], x\in\Omega \\ \dfrac{\partial v_2}{\partial t}=d_3\Delta v_2-\nabla\cdot(q_2(v_2)\nabla_u)+v_2[f_2(u)-v_1-v_2], x\in\Omega \\ \dfrac{\partial u}{\partial t}=\dfrac{\partial v_1}{\partial n}=\dfrac{\partial v_2}{\partial n}=0, x\in\partial\Omega \end{cases} \tag{3-14}$$

由于 $d_2=d_3=d>0$, $f_1(u)=f_2(u)=f(u)$，所以可以把式（3-14）的第二个方程和第三个方程相加。这样式（3-14）的稳态解 $(u(x), v_1(x), v_2(x))$ 约化为如下三个方程构成系统的解：

$$\begin{cases} d_1\Delta u - f(u)w = 0, x \in \Omega \\ d\Delta w + f(u)w - w^2 = 0, x \in \Omega \\ \dfrac{\partial u}{\partial n} = \dfrac{\partial w}{\partial n} = 0, x \in \partial\Omega \end{cases} \tag{3-15}$$

其中 $v_1(x)+v_2(x)=w(x)\geqslant 0$。

将式（3-15）的两个方程分别在 Ω 上积分，结合 Neumann 边界条件可得 $\int_\Omega w^2\mathrm{d}x=0$，这也表明 $w=0$。因此 $u(x)$ 满足零 Neumann 边界条件的特征值问题 $d_1\Delta u=0$，那么 $u(x)=u^*>0$ 就是对应于主特征值 0 的特征函数，证明完毕。

现在我们着力考虑食饵—趋化对 (u^*, v_1^*, v_2^*) 稳定性的影响。为此，需要在适当的情况下为函数 $q(u)$ 设置一些更特殊的条件。正如在定理 2.3 中所述，系统（3-1）在常稳态解 $U=(u^*, v_1^*, v_2^*)$ 的线性化问题可表示为

$$Z_t=LZ:=D\Delta Z+F\cdot Z$$

这里

$$D=\begin{pmatrix} d_1 & 0 & 0 \\ -\chi_1 q(v_1^*) & d_2 & 0 \\ -\chi_2 q(v_2^*) & 0 & d_3 \end{pmatrix}$$

$$F=\begin{pmatrix} -f'(u^*)(v_1^*+v_2^*) & -f(u^*) & -f(u^*) \\ v_1^* f'(u^*) & f(u^*)-2v_1^*-v_2^* & -v_1^* \\ v_2^* f'(u^*) & -v_1^* & f(u^*)-v_1^*-2v_2^* \end{pmatrix}$$

那么由 Fourier 展开，$LZ=\mu Z$ 的特征值 μ 仍可以表示为矩阵 L_n 特征值的并集，这里

$$L_n=\begin{pmatrix} -d_1\lambda_n-f_1'(u^*)v_1^*-f_2'(u^*)v_2^* & -f_2(u^*) & -f_2(u^*) \\ \chi_1 q(v_1^*)\lambda_n+v_1^*f_1'(u^*) & -d_2\lambda_n+f_1(u^*)-2v_1^*-v_2^* & -v_1^* \\ \chi_2 q(v_2^*)\lambda_n+v_2^*f_2'(u^*) & -v_2^* & -d_3\lambda_n+f_2(u^*)-v_1^*-2v_2^* \end{pmatrix}$$

其中 $\lambda_n=(n=0,1,2,\cdots)$ 是 Δ 算子化 Neumann 边界条件下的特征值。系统（3-1）的非负常稳态解只有 $(u,v_1,v_2)=(u_*,0,0)$，则在 $(u_*,0,0)$ 处，

$$L_n=\begin{pmatrix} -d_1\lambda_n & -f_1(u_*) & -f_2(u_*) \\ \chi_1 q(0)\lambda_n & -d_2\lambda_n+f_1(u_*) & 0 \\ \chi_2 q(0)\lambda_n & 0 & -d_3\lambda_n+f_2(u_*) \end{pmatrix}$$

$$=\begin{pmatrix} -d_1\lambda_n & -f_1(u_*) & -f_2(u_*) \\ 0 & -d_2\lambda_n+f_1(u_*) & 0 \\ 0 & 0 & -d_3\lambda_n+f_2(u_*) \end{pmatrix}$$

因此，在 $U_*=(u_*,0,0)$ 处，L_n 的一个特征值为 $n=0$ 时的特征值 $f_1(u_*)>0$，这表明对于系统（3-1），$U_*=(u_*,0,0)$ 仍然是不稳定的。

定理 3.5　对于任意的 $\chi_1>0$，$\chi_2>0$，系统（3-1）的唯一非负稳态解 $(u^*,0,0)$ 是不稳的，其中 $u^*>0$。

定理 3.1 结合定理 3.2 表明，系统（3-1）没有非平凡的稳态解，其空间模式生成可能会非常丰富。

3.5 数值模拟

接下来，我们用数值模拟来支持前面的理论分析，取一维空间 $\Omega=(0, 30\pi)$，反应功能函数 $f_i(u)=\dfrac{m_i u}{a_i+u}(i=1, 2)$ 为常见的 Holling Ⅱ型。

（1）在函数 $f_i(u)$ 里取 $d_1=0.001$，$d_2=0.2$，$d_3=0.003$，$a_1=5$，$a_2=0.4$，$m_1=0.1$，$m_2=0.2$，那么由定理 3.2 可知，常数稳态解（u_*，0，0）是不稳定的，解收敛于非常数稳态解，见图 3-1，这里初始函数（u_0，v_{10}，v_{20}）=（1000cos（$2x$），0.1sin（$2x$）+0.1，0.3sin（$2x$）+0.3）。

（2）在函数 f_i（u）里取 $d_1=1$，$d_2=0.03$，$d_3=0.03$，$a_1=0.4$，$a_2=0.4$，$m_1=0.2$，$m_2=0.2$，那么由定理 3.5 可知，常数稳态解（u_*，0，0）=（0.52，0，0）是全局稳定的，见图 3-2，这里初始函数（u_0，v_{10}，v_{20}）=（1000cos（$2x$），0.1sin（$2x$）+0.1，0.3sin（$2x$）+0.3）。

（3）在函数 $f_i(u)$ 里取 $d_1=0.1$，$d_2=0.01$，$d_3=0.003$，$a_1=0.4$，$a_2=0.1$，$m_1=0.2$，$m_2=1$，那么由定理 3.2，可知，常数稳态解(u_*，0，0)是不稳定的，但解收敛于另一个正常数稳态解，见图 3-3，这里初始函数(u_0，v_{10}，v_{20})=(1000cos($2x$)，0.1sin($2x$)+0.1，0.3sin($2x$)+0.3)。

（4）在函数 $f_i(u)$ 里取 $d_1=0.1$，$d_2=0.01$，$d_3=0.003$，$a_1=0.4$，$a_2=0.1$，$m_1=0.2$，$m_2=0.02$，那么由定理 3.2 可知，常数稳态解(u_*，0，0)是不稳定的，但解收敛于(0，0，0)，见图 3-4，这里初始函数(u_0，v_{10}，v_{20})=(1000cos($2x$)，0.1sin($2x$)+0.1，0.3sin($2x$)+0.3)。

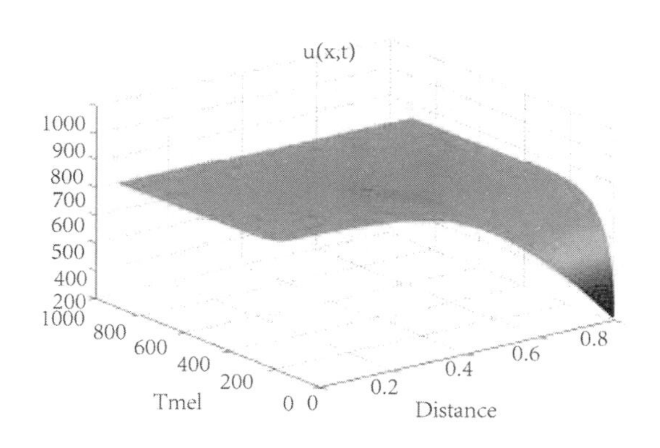

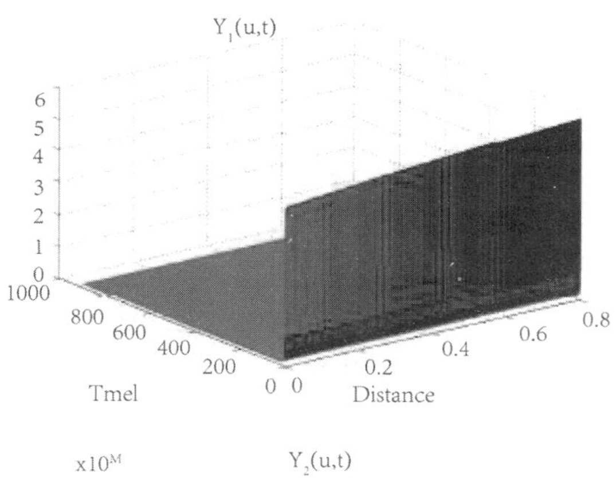

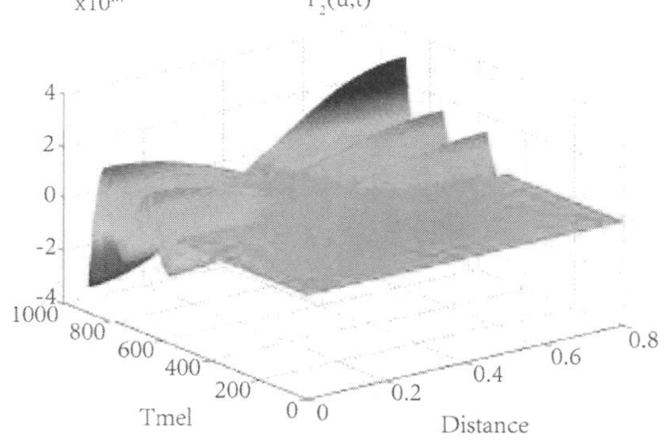

图 3-1　系统（3-1）的一些非负解均收敛于非常数稳态

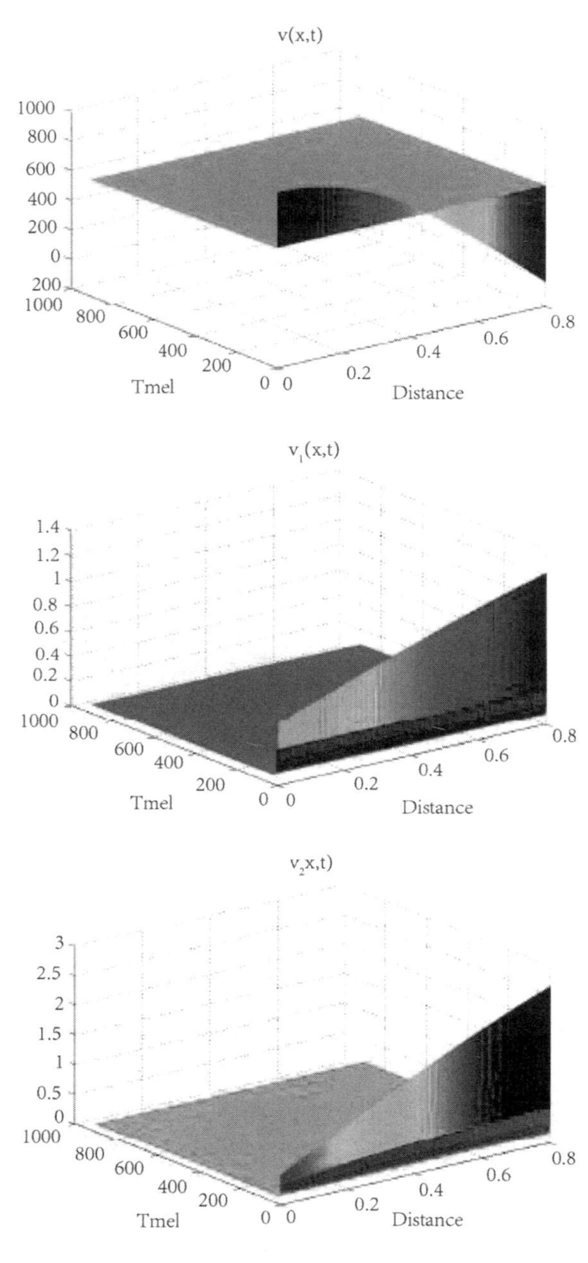

图 3-2　系统（3-1）的一些非负解收敛于(u_*，0，0)

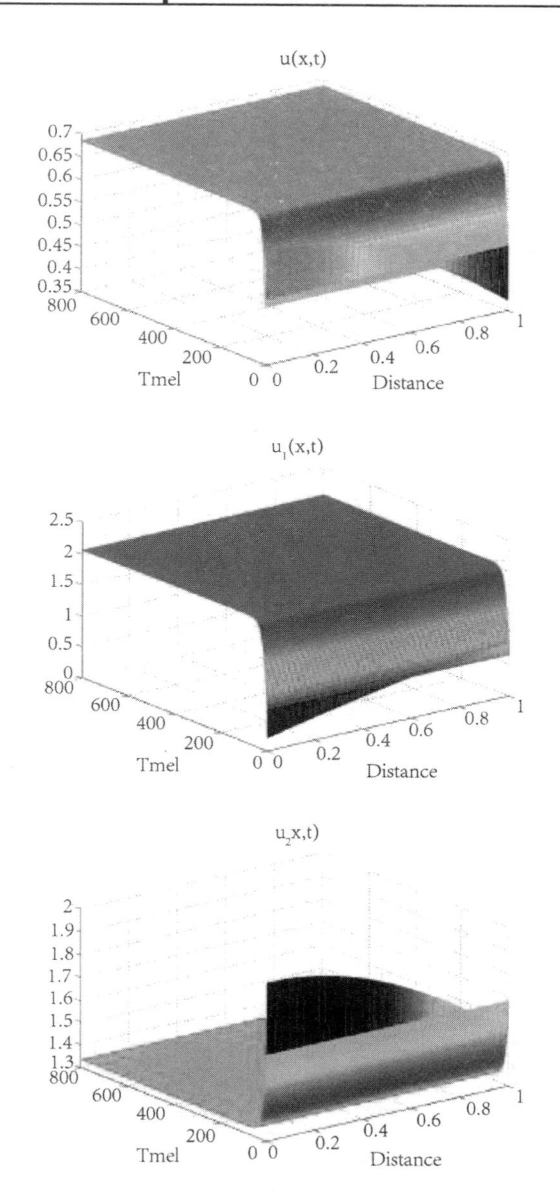

图 3-3　系统（3-1）的一些非负解收敛于正常数稳态解

因此，$(u_*, 0, 0)$的不稳定性表明系统（3-1）丰富多彩的模式生成。定理 3.5 表明$(u_*, 0, 0)$在$\chi_1>0, \chi_2>0$时仍是不稳定的，在图 3-1 的参数基础上，我们取$\chi_1=0.005, \chi_2=0.008$，那么图 3-4 表明这里的非常数空间模式与图 3-1 是不一样的，且我们还发现固定$\chi_1=0.005$，χ_2 逐渐变大时，U_2 分量的振荡范围会变大。

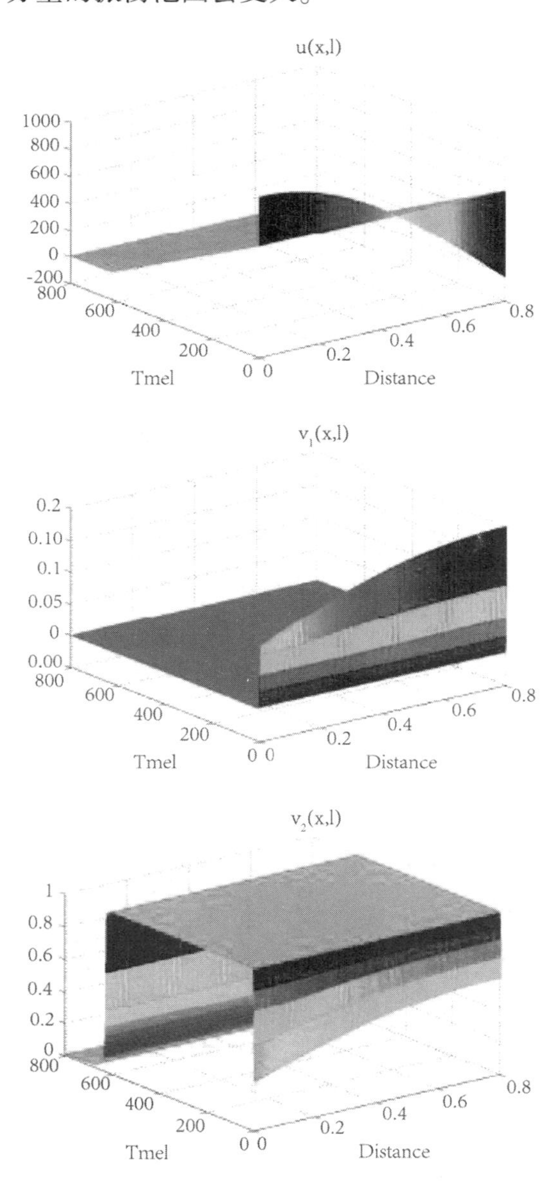

图 3-4　系统（3-1）的一些非负解收敛于(0，0，0)

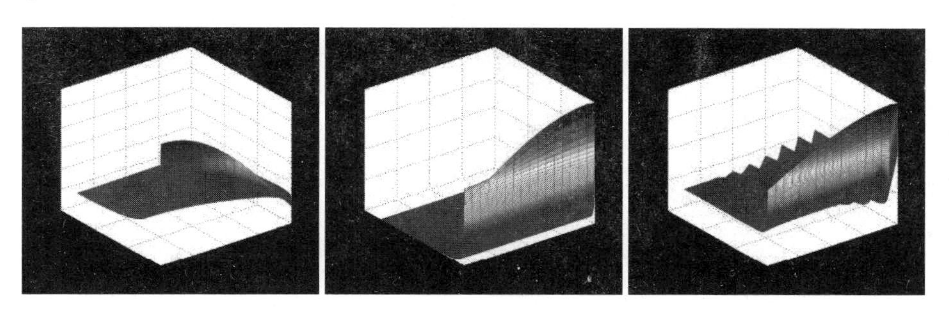

图 3-5　当$\chi_1=\chi_2=0$，系统（3-1）的所有非负解收敛于

[$u(x, t)=(0.683, 2.051, 1.333)$]

定理 3.2 表明$(u^*, 0, 0)$在$\chi_1>0$, $\chi_2>0$时仍是不稳定的，在图 3-5 的参数基础上，我们取$\chi_1=0.005$, $\chi_2=0.008$，那么图 3-5 表明这里的非常数空间模式与图 3-4 是不一样的，且我们还发现固定$\chi_1=0.005$, χ_2逐渐变大时，U_2 分量的振荡范围会变大。

3.6 本章小结

本章研究了一类三种群捕食—食饵扩散系统，其中两类捕食者竞争同一类食饵。对于随机扩散及食饵趋化扩散系统分别刻画了系统的耗散结构和模式生成问题。事实上，食饵趋化的引入使得三种群的捕食—食饵扩散系统的动力学性质变得更为复杂。我们分析了系统非负态稳态解的稳定性问题，并用数值模拟加以支持理论，其分析结果亦适用于其他三种群扩散系统的研究。

第4章

两类捕食者—类食饵的趋化扩散系统

4.1 模型的介绍

基于文献《一类三种群捕食—被捕食模型的策略与平稳模式》[97]、《防御系统中物种的共存切换模型》[98] 研究了带有两类捕食者一类食饵的随机扩散系统：

$$
\begin{cases}
\dfrac{\partial u_1}{\partial t} = d_1\Delta u_1 - \chi_1 \nabla(q(u_1)\nabla u_3) + u_1\left(-1 + \dfrac{u_2 u_3}{u_1 + u_2}\right), x \in \Omega, t > 0 \\
\dfrac{\partial u_2}{\partial t} = d_2\Delta u_2 - \chi_2 \nabla(q(u_2)\nabla u_3) + u_2\left(-\alpha + \dfrac{\beta u_1 u_3}{u_1 + u_2}\right), x \in \Omega, t > 0 \\
\dfrac{\partial u_3}{\partial t} = d_3\Delta u_3 + u_3\left(\gamma - u_3 - \dfrac{(1+\beta)u_1 u_2}{u_1 + u_2}\right), x \in \Omega, t > 0 \\
\dfrac{\partial u_1}{a_n} = \dfrac{\partial u_2}{a_n} = \dfrac{\partial u_3}{a_n} = 0, x \in \partial\Omega, t > 0 \\
u_i(x,0) = u_{i0}(x) \geqslant 0, x \in \Omega, i = 1,2,3
\end{cases}
\tag{4-1}
$$

这里，$\dfrac{u_1 u_2}{u_1+u_2}$表明两类捕食者 u_1 与 u_2 是合作关系；但它们只有一个唯一的食饵供给者 u_3。α, β, γ 均是正常数，n 是边界$\partial\ \Omega$上的单位法向量；齐次 Neumann 边界条件表明系统（4-1）是封闭的，与外界没有流通；扩散系数 d_1，d_2，$d_3>0$。我们考虑捕食者被食饵吸引，假设它们与食饵的梯度方向成正比，$\chi_i \nabla(q(u_i)\nabla u_3)$，$i=1$，2 来表示，其中$\chi_i$ 是食饵趋化系数，这种定向运动也是依赖于捕食者，用 $q(u_i)$ 表示。由于食饵趋化的引入，我们得到三种群系统（4-1）会展示出丰富的动力学性质，特别是产生所谓的静态模式（Stationary patterns），但在食饵趋化系数χ_i较小时，静态模式又不会出现；此外，正常数稳态解的全局稳定性表明三种群的空间齐次分布；而非常数同期解的出现也表示静态模式的生成。

对于函数$q(\cdot)$，我们的一般假设如下：

（Q）q：$\mathbb{R}_+\to\mathbb{R}_+$是连续可微的函数，满足$q(0)=0$，而且存在两个非负常数$\alpha_1\geqslant 0$，$C_q\geqslant 0$，使得

$$\alpha_1\leqslant 1,\ \alpha_1<1/(N-1),\ |q(z)|\leqslant C_q(1+z^{\alpha 1}),\ \forall z\geqslant 0 \tag{4-2}$$

注：若$N=1$，则条件（4-2）里对α_1的唯一限制是$\alpha_1\leqslant 1$。对于高维$N\geqslant 2$的情形，这个允许的增长幂指数α_1则被要求随着维数的增加而变小。

4.2 解的全局存在性和有界性

我们要将第2章的一般结果定理2.1应用到系统（4-1），为此，我们注意到它对应于系统（2-1）的如下选择

$$\begin{aligned}
g_1(u_1,\ u_2,\ u_3):&=u_3-\left(\gamma-u_3-\frac{(1+\beta)\ u_1u_2}{u_1+u_2}\right)\\
h_1(u_1,\ u_2,\ u_3):&=u_1\left(-1+\frac{u_2u_3}{u_1+u_2}\right)\\
h_2(u_1,\ u_2,\ u_3):&=u_2\left(-\alpha+\frac{\beta u_1u_3}{u_1+u_2}\right)
\end{aligned} \tag{4-3}$$

我们取第二个食饵分量恒等于零，并忽略之。容易看出，它们已满足第 2 章的条件（H1）以及条件（H2）、（H3）的光滑性假设，因此，系统（4-1）具有非负的局部古典解。

此外，系统（4-1）满足相应条件（H2）(ii)，且非负常数组 $\{(\beta_i, \gamma_i): i=1.2\}$ 取如下值：

$$\beta_1 = 1 = \beta_2,\ \gamma_1 = 1 = \gamma_2 \tag{4-4}$$

我们注意到

$$K:=g_1(u_1, u_2, u_3)+h_1(u_1, u_2, u_3)+h_2(u_1, u_2, u_3)=u_3(\gamma-u_3)-u_1-\alpha u_2 \tag{4-5}$$

因此，对于系统（4-1）的任意非负的局部古典解 (u_1, u_2, u_3)，我们均有

$$\frac{\mathrm{d}}{\mathrm{d}t}\int_\Omega (u_2 + u_2 + u_3)(t) = \int_\Omega K$$

$$\leqslant \int_\Omega [(1+\gamma)^2 - u_3(t) - u_1(t) - \alpha u_2(t)]$$

$$= (1+y)^2 - \min\{1, \alpha\}\int_\Omega (u_1 + u_2 + u_3)(t)$$

$$\int_\Omega (u_1 + u_2 + u_3)(t) \leqslant \max\left\{\int_\Omega (u_1 + u_2 + u_3)(0),\ (1+y)^2/\min\{1, \alpha\}\right\} \tag{4-6}$$

这样，我们看到在假设（4-2）下，第 2 章的一般结果定理 2.1 可应用于系统（4-1），因此我们得到如下结论。

定理 4.1（解的全局存在性及一致有界性）　若趋化函数 q 满足条件（Q），则对于任意的非负初始值 $0\leqslant(u_{10}, u_{20}, u_{30}) \in [W^{1,p}(\Omega)]\, p>n$，系统（4-1）均有唯一的全局古典解

$$0\leqslant [u_1(x, t), u_2(x, t), u_3(x, t)] \in$$

$$(C([0, \infty); W^{1,p}(\Omega)) \cap C^{2,1}(\overline{\Omega}\times(0, +\infty)))^3 \quad (4-7)$$

且该解在 $\Omega\times(0, \infty)$ 内是一致有界的，即

$$\sup_{t\geq 1}(\| u_1(t) \|_{1,\infty} + \| u_2(t) + u_3(t) \|_{\infty}) < \infty$$

4.3 食饵趋化对系统动力学行为的影响

这一节主要研究食饵趋化对系统正常数平衡解稳定性的影响。

4.3.1 强食饵趋化敏感系数的影响

固定扩散系数 d_1，d_2，d_3，以趋化敏感系数 χ_1，χ_2 为参数，我们研究系统正常平衡解的稳定性变化。容易得知，系统（4-1）有唯一的正常数稳态解 $u^*=(u_1^*, u_2^*, u_3^*)$ 当且仅当下式成立

$$r\beta>\alpha+\beta \quad (4-8)$$

且

$$u_1^*=(\alpha+\beta)\frac{r\beta-(\alpha+\beta)}{\beta^2(1+\beta)},\ u_2^*=(\alpha+\beta)\frac{r\beta-(\alpha+\beta)}{\alpha\beta(1+\beta)},\ u_3^*=\frac{\alpha+\beta}{\beta} \quad (4-9)$$

文献［97］得到了对于常微分方程系统和随机扩散系统(4-1）在趋化缺失的情况下（即 $\chi_1=0, \chi_2=0$）关于 u^* 的全局稳定性判定条件，我们将讨论趋化的出现对 u^* 稳定性的影响。

系统（4-1）在常数稳态解 $u^*=(u_1^*, u_2^*, u_3^*)$ 处的线性化问题可表示为

$$\begin{pmatrix}\varphi_{1t}\\ \varphi_{2t}\\ \varphi_{3t}\end{pmatrix}=L(\chi_1,\ \chi_2)\begin{pmatrix}\varphi_1\\ \varphi_2\\ \varphi_3\end{pmatrix}=D\begin{pmatrix}\Delta\varphi_1\\ \Delta\varphi_2\\ \Delta\varphi_3\end{pmatrix}+J\begin{pmatrix}\varphi_1\\ \varphi_2\\ \varphi_3\end{pmatrix} \tag{4-10}$$

其中

$$D=\begin{pmatrix}d_1 & 0 & -\chi_1 q(u_1^*)\\ 0 & d_2 & -\chi_2 q(u_2^*)\\ 0 & 0 & d_3\end{pmatrix},\ J=\begin{pmatrix}f_1 & f_2 & f_3\\ g_1 & g_2 & g_3\\ h_1 & h_2 & h_3\end{pmatrix} \tag{4-11}$$

以及

$$\begin{aligned}
&f_1=-1+\frac{(u_2^*)^2u_3^*}{(u_1^*+u_2^*)^2},\ f_2=\frac{(u_1^*)^2u_3^*}{(u_1^*+u_2^*)^2},\ f_3=\frac{u_1^*u_2^*}{u_1^*+u_2^*},\\
&g_1=\frac{\beta(u_2^*)^2u_3^*}{(u_1^*+u_2^*)^2},\ g_2=-\alpha+\frac{\beta(u_1^*)^2u_3^*}{(u_1^*+u_2^*)^2},\ g_3=\frac{\beta u_1^*u_2^*}{u_1^*+u_2^*},\\
&h_1=\frac{-(1+\beta)(u_2^*)^2u_3^*}{(u_1^*+u_2^*)^2},\ h_2=\frac{-(1+\beta)(u_1^*)^2u_3^*}{(u_1^*+u_2^*)^2},\\
&h_3=\gamma-2u_3^*-\frac{(1+\beta)u_1^*u_2^*}{u_1^*+u_2^*}
\end{aligned} \tag{4-12}$$

则$u^*=(u_1^*,\ u_2^*,\ u_3^*)$的稳定性是由如下的特征值问题决定：

$$L(x_1,\ x_2)\begin{pmatrix}\psi_1\\ \psi_2\\ \psi_3\end{pmatrix}=\lambda\begin{pmatrix}\psi_1\\ \psi_2\\ \psi_3\end{pmatrix}$$

则

$$\begin{cases} d_1\Delta\psi_1 - \chi_1 q(u_1^*)\Delta\psi_3 + f_1\psi_1 + f_2\psi_2 + f_3\psi_3 = \lambda\psi_1, x \in \Omega \\ d_2\Delta\psi_2 - \chi_2 q(u_2^*)\Delta\psi_3 + g_1\psi_1 + g_2\psi_2 + g_3\psi_3 = \lambda\psi_2, x \in \Omega \\ d_3\Delta\psi_3 + h_1\psi_1 + h_2\psi_2 + h_3\psi_3 = \lambda\psi_3, x \in \Omega \\ \dfrac{\partial\psi_1}{\partial n} = \dfrac{\partial\psi_2}{\partial n} = \dfrac{\partial\psi_3}{\partial n} = 0, x \in \partial\Omega \end{cases}$$

(4-13)

这里 Neumann 边界条件下 $-\Delta$ 算子具有如下形式的特征值 $0=\mu_0<\mu_1\leqslant\mu_2\leqslant\cdots$ 且 $\lim\limits_{i\to\infty}\mu_i=\infty$，记 $\varphi_i(x)$ 是对应于 μ_i 的规范化特征函数满足 $\int_\Omega \Phi_i(x)\,\mathrm{d}x=1$。假设 λ 是式（4-13）的一个特征值，对应的特征函数是$(\psi_1,\ \psi_2,\ \psi_3)$。那么由 Fourier 展开可得，存在$\{a_n\}$，$\{b_n\}$，$\{c_n\}$使得 $\psi_1(x)=\sum\limits_{n=1}^{\infty}a_n\phi_n(x)$，$\psi_2(x)=\sum\limits_{n=0}^{\infty}b_n\phi_n(x)$，$\psi_3(x)=\sum\limits_{n=0}^{\infty}c_n\phi_n(x)$。

直接计算可得

$$L_m(\chi_1,\ \chi_2)\begin{pmatrix} a_n \\ b_n \\ c_n \end{pmatrix} = \lambda\begin{pmatrix} a_n \\ b_n \\ c_n \end{pmatrix},\ n=0,\ 1,\ 2,\ \cdots$$

其中

$$L_n(\chi_1,\ \chi_2)=\begin{cases} f_1-d_1\mu_n & f_2 & f_3+\chi_1 q\ (u_1^*)\ \mu_n \\ g_1 & g_2-d_2\mu_n & g_3+\chi_2 q\ (u_2^*)\ \mu_n \\ h_1 & h_2 & h_3-d_3\mu_n \end{cases} \tag{4-14}$$

总结上述分析，我们得到本小节如下的重要结果：

定理 4.2　固定扩散系数 $d_1>0$，$d_2>0$，$d_3>0$。假设 $\alpha\neq1$，那么系统（4-1）在常数稳态解$u^*=(u_1^*,\ u_2^*,\ u_3^*)$产生 Hopf 分歧，具体来说，若 $\alpha<1$，则存在某个 $n=n_0\chi_1$ 使得随着趋化系数 χ_1 增加，$u^*=$

(u_1^*, u_2^*, u_3^*)变得不稳定；若$\alpha>1$，则存在某个$n=n_0$，使得随着趋化系数χ_2增加，$u^*=(u_1^*, u_2^*, u_3^*)$变得不稳定。

注：对于随机扩散系统来说，常数稳态解$u^*=(u_1^*, u_2^*, u_3^*)$是全局渐近稳定的，食饵趋化的出现使它变得不稳定，因此增加了系统（4-1）模式生成的可能性。

4.3.2 弱食饵趋化敏感系数的影响

为了刻画趋化对系统具体的影响程度，本小节在假设$q(u)=u$的情况下进行分析。由定理4.1可知，系统（4-1）的非负古典解$u(x, t)=[u_1(x, t), u_2(x, t), u_3(x, t)]$是一致有界的，因此我们可以定义如下能量函数

$$E(t)=\int_\Omega K(u)(t)\,\mathrm{d}x,\ v-K(u):\ =\frac{\beta^2}{\alpha}\left[u_1-u_1^*-u_1^*\ln\frac{u_1}{u_1^*}\right]+\left[u_2-u_2^*-u_2^*\ln\frac{u_2}{u_2^*}\right]+\frac{\beta(\alpha+\beta)}{\alpha(1+\beta)}\left[u_3-u_3^*-u_3^*\ln\frac{u_3}{u_3^*}\right] \tag{4-15}$$

注意到如下初等不等式：$y-1-\ln y\geqslant 0$，$\forall y>0$。我们看出$K(u)$里的每个方括号里的项均是非负的，因此，对于任意$t\geqslant 0$均有$K(u)(t)\geqslant 0$以及$E(t)\geqslant 0$。另外，通过直接计算可得

$$\frac{\beta^2}{\alpha}+\beta-\frac{\beta(\alpha+\beta)}{\alpha(1+\beta)}(1+\beta)=0,\ \frac{\beta^2}{\alpha}u_1^*+\alpha u_2^*-\gamma\frac{\beta(\alpha+\beta)}{\alpha(1+\beta)}u_3^*=-\frac{(\alpha+\beta)^3}{\alpha\beta(1+\beta)},$$

$$\frac{\beta^2}{\alpha}u_1^*=\beta u_2^*,\ \frac{\beta(\alpha+\beta)}{\alpha(1+\beta)}(1+\beta)u_3^*$$

$$=\frac{(\alpha+\beta)^2}{\alpha},\ (\gamma+u_3^*)\frac{\beta(\alpha+\beta)}{\alpha(1+\beta)}-\beta u_2^*$$

$$=\frac{2(\alpha+\beta)^2}{\alpha(1+\beta)}$$

那么 Neumann 边界条件下的分部积分表明

$$\dot{E}(t)=-\int_{\Omega}\left(\frac{\beta^2 d_1 u_1^*}{\alpha u_1^2}\,|\nabla u_1|^2+\frac{d_2 u_2^*}{u_2^2}\,|\nabla u_2|^2+\frac{\beta(\alpha+\beta)\,d_3 u_3^*}{\alpha(1+\beta)\,u_3^2}\,|\nabla u_3|^2\right)$$

$$\mathrm{d}x-\int_{\Omega}\left(\frac{\beta^2 u_1^*}{\alpha u_1}x_1\,\nabla u_3\,\nabla u_1+\frac{u_2^*}{u_2}x_2\,\nabla u_3\,\nabla u_2\right)\mathrm{d}x-$$

$$\int_{\Omega}\left(\frac{(\beta u_1-\alpha u_2)^2}{\alpha(u_1+u_2)}+\frac{\alpha+\beta}{\alpha\beta(1+\beta)}(\alpha+\beta-\beta u_3)^2\right)\mathrm{d}x:$$

$$=T_1+T_2+T_3$$

$\dot{E}(t)$ 中的散度项可以表示为

$$T_1+T_2=-\int_{\Omega}\left(\frac{\beta^2 d_1 u_1^*}{\alpha u_1^2}\,|\nabla u_1|^2+\frac{\beta(\alpha+\beta)\,d_3 u_3^*}{2\alpha(1+\beta)\,u_3^2}\,|\nabla u_3|^2-\frac{\beta^2 u_1^*}{\alpha u_1}x_1\,\nabla u_3\,\nabla u_1\right)$$

$$\mathrm{d}x-\int_{\Omega}\left(\frac{d_2 u_2^*}{u_2^2}\,|\nabla u_2|^2+\frac{\beta(\alpha+\beta)\,d_3 u_3^*}{2\alpha(1+\beta)\,u_3^2}\,|\nabla u_3|^2-\frac{u_2^*}{u_2}x_2\,\nabla u_3\,\nabla u_2\right)\mathrm{d}x$$

$$=-\int_{\Omega}X_1^T M_1 X_1\,\mathrm{d}x-\int_{\Omega}X_2^T M_2 X_2\,\mathrm{d}x$$

其中

$$X_1=\begin{pmatrix}\nabla u_1\\ \nabla u_3\end{pmatrix},\quad X_2=\begin{pmatrix}\nabla u_2\\ \nabla u_3\end{pmatrix}$$

及

$$M_1=\begin{pmatrix}\dfrac{\beta^2 d_1 u_1^*}{\alpha u_1^2} & -\dfrac{\beta^2 u_1^*}{2\alpha u_1}x_1\\ -\dfrac{\beta^2 u_1^*}{2\alpha u_1}x_1 & \dfrac{\beta(\alpha+\beta)\,d_3 u_3^*}{2\alpha(1+\beta)\,u_3^2}\end{pmatrix},\quad M_2=\begin{pmatrix}\dfrac{d_2 u_2^*}{u_2^2} & -\dfrac{u_2^*}{2u_2}x_2\\ -\dfrac{u_2^*}{2u_2}x_2 & \dfrac{\beta(\alpha+\beta)\,d_3 u_3^*}{2\alpha(1+\beta)\,u_3^2}\end{pmatrix}$$

由于矩阵 M_1 和 M_2 都是对称的，那么当矩阵 M_1 和 M_2 均是正定时，它们的所有特征值都是正实数，不难发现

$$\text{Trace}(M_1)=\frac{\beta^2 d_1 u_1^*}{\alpha u_1^2}+\frac{\beta(a+\beta)d_3 u^2}{2\alpha(1+\beta)u_3^2},$$

$$\text{Trace}(M_2)=\frac{d_2 u_2^*}{u_2^2}+\frac{\beta(a+\beta)d_3 u_3^*}{2\alpha(1+\beta)u_3^2}$$

都是正的，因此如果趋化系数 x_1，x_2 满足

$$x_1^2\leqslant\frac{2d_1 d_3(\alpha+\beta)u_3^*}{\beta(1+\beta)r^2 u_1^*},\quad x_2^2\leqslant\frac{2d_2 d_3 u_3^*\beta(\alpha+\beta)}{\alpha(1+\beta)r^2 u_2^*}\tag{4-16}$$

则

$$\text{Det}\ (M_1)\ =\frac{\beta^3 u_1^*}{2\alpha^2 u_1^2}\left[\frac{d_1 d_3(\alpha+\beta)u_3^*}{(1+\beta)u_3^2}-\frac{x_1^2\beta u_1^*}{2}\right]\geqslant$$

$$\frac{\beta^3 u_1^*}{2\alpha^2 u_1^2}\left[\frac{d_1 d_3(\alpha+\beta)u_3^*}{(1+\beta)r^2}-\frac{x_1^2\beta u_1^*}{2}\right]\geqslant 0,$$

$$\text{Det}\ (M_2)\ =\frac{u_2^*}{2u_2^2}\left[\frac{d_2 d_3 u_3^*\beta(\alpha+\beta)}{\alpha(1+\beta)u_3^2}-\frac{u_2^*\chi_2^2}{2}\right]\geqslant$$

$$\frac{u_2^*}{2u_2^2}\left[\frac{d_2 d_3 u_3^*\beta(\alpha+\beta)}{\alpha(1+\beta)r^2}-\frac{u_2^*\chi_2^2}{2}\right]\geqslant 0$$

这表明矩阵 M_1 和 M_2 都是正定的，因此，沿着系统（4-1）的任意轨道$(u_1(x,\ t),\ u_2(x,\ t),\ u_3(x,\ t))$均有 $\dot{E}(t)\leqslant 0$，且 $\dot{E}(t)=0$ 当且仅当$(u_1(x,\ t),\ u_2(x,\ t),\ u_3(x,\ t))=(u_1^*,\ u_2^*,\ u_3^*)$。

总结上述分析，我们可以得到$u^*=(u_1^*,\ u_2^*,\ u_3^*)$的全局稳定性：

定理 4.3　假设 $q(u)=u$ 且χ_1,χ_2 满足式（4-16），那么系统(4-1)的唯一常数正稳态解$u^*=(u_1^*,\ u_2^*,\ u_3^*)$是全局渐近稳定的，从而系统（4-1）没有非常数正稳态解，即空间模式。

注：定理 4.3 所得$u^*=(u_1^*,\ u_2^*,\ u_3^*)$的全局稳定性表明当食饵趋化敏感系数$\chi_1,\chi_2$ 较小时，系统（4-1）不会有模式生成，而当敏感系

数χ_1,χ_2较大时，定理4.1表明系统（4-1）是有空间模式生成的。

4.4 数值模拟

（1）为保证系统（4-1）非负古典解的全局存在性和一致有界性结果，定理4.1里只对趋化项q的增长幂次α_1做了限制，并没有对趋化效应系数χ_1,χ_2或者空间维数N有限制，这与两种群的捕食—食饵趋化扩散系统的有界性要求较小趋化系数$\chi>0$（见文献［26］）不同，但是在文献《生物入侵：理论与实践的两种群食饵趋化系统的有界性》[8]证明中，当空间维数$N=2$时，对趋化系数$\chi>0$没有要求。

（2）定理4.1的全局有界性结果是依赖于初始条件（u_{10}，u_{20}，u_{30}）的，很自然的问题就是能否得到不依赖于初始条件的一致有界性。注意这个结论对于两种群的捕食—食饵趋化系统是成立的，文献一类捕食—被捕食系统极限环的唯一性得到了较小趋化系数x和任意空间维数N的最终一致有界性。

（3）若将$q(u_i)$替换为$q(u_1，u_2，u_3)$，其中$q(u_1，u_2，u_3)$满足$q(u_1，u_2，u_3)\leqslant 0$，若某个$u_i=0$，那么，若$q$满足类似于条件（Q）的增长限制，则定理4.1的结论同样成立，例如文献《一类捕食—被捕食系统的全局稳定性》[22]中的$q(u，v)=v/(1+\alpha u)^2$。

定理4.3的结果表明较小的食饵趋化系数可以稳定正常数稳态解，从而不会产生非常数空间模式；而较大的食饵趋化系数却使得正常数稳态解变得不稳定，但是具体的周期空间模式或是其他非常数稳态解还不能细致地刻画，而下面的数值模拟可用来支持我们前面的理论分析结果。

取 $n=1$ 且 $\Omega=(0,\ 30\pi)$，$\alpha=0.1$，$\beta=0.3$，$\gamma=2$，$d_1=1$，$d_2=1$，$d_3=2$，此时参数满足 $\gamma\beta=\alpha+\beta$，且有 $u(x,\ t)=(0.683,\ 2.051,\ 1.333)$ 是唯一的正常数稳态解，那么当 $\chi_1=\chi_2=0$ 时，文献［61］表明系统（4-1）的非负解收敛于 $u(x,\ t)=(0.683,\ 2.051,\ 1.333)$，见图 4-1，其中初始函数为 $[0.5\cos(2x)+0.5,\ 0.8\sin(x)+0.2,\ 2\cos(3x)+1]$。

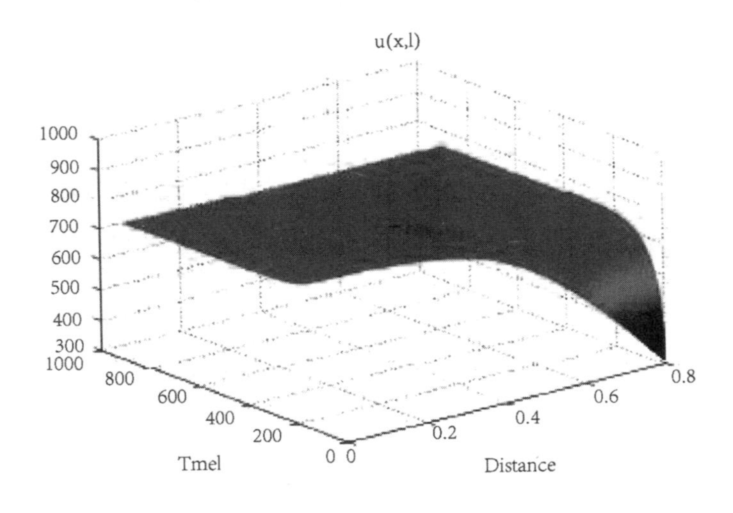

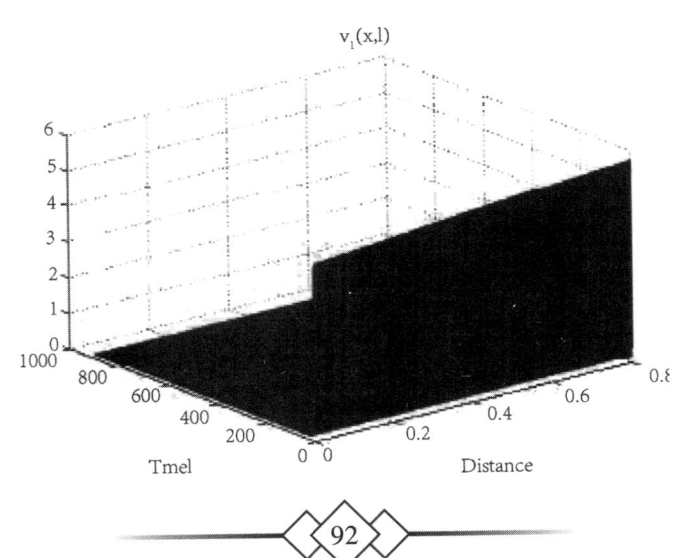

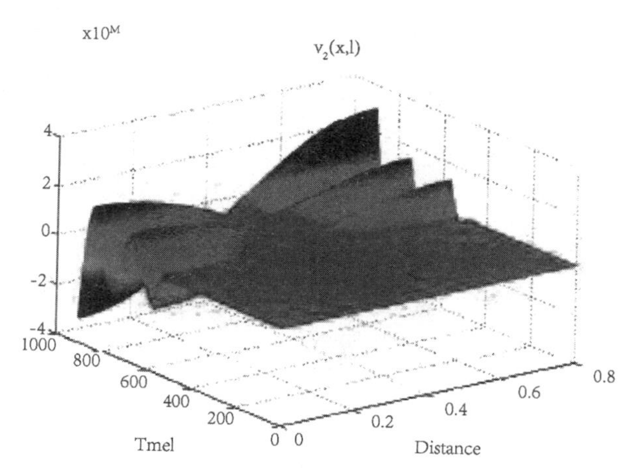

图 4-1　当 $\chi_1=\chi_2=0$ 时，系统（4-1）的一些非负解收敛于非常数稳态解 $u(x, t)=(0.683, 2.051, 1.333)$

由定理 4.3 的分析可知较小的趋化系数 χ_1, χ_2 并没有破坏 $u(x, t)=(0.683, 2.051, 1.333)$ 的稳定性，见图 4-2，其中 $\chi_1=20$, $\chi_2=20$，初始函数为［$0.5\cos(x)+0.5$，$0.8\sin(x)+0.2$，$\cos(x)+1$］。

定理 4.2 表明较大的 χ_1, χ_2 会使 $u(x, t)=(0.683, 2.051, 1.333)$ 变得不稳定，从而系统会产生空间模式，见图4-3，其中 $\chi_1=200$, $\chi_2=200$，初始函数为［$0.5\cos(x)+0.5$，$0.5\sin(x)+0.2$，$\cos(x)+1$］。或见图 4-4，其中 $\chi_1=200$, $\chi_2=200$，初始函数为［$\cos(x)+0.68$；$\sin(2x)$；$\cos(x)+1$］。

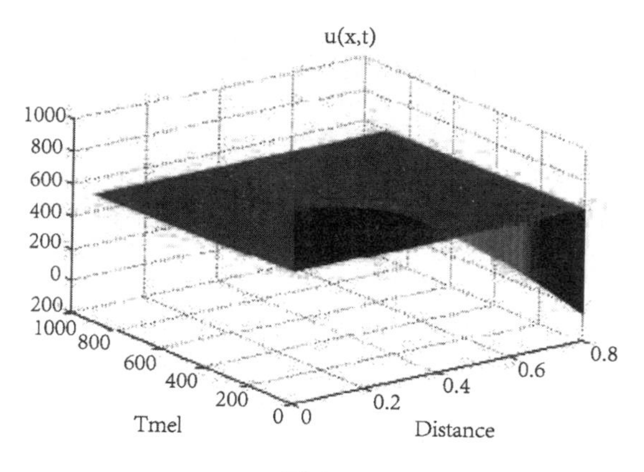

图 4-2

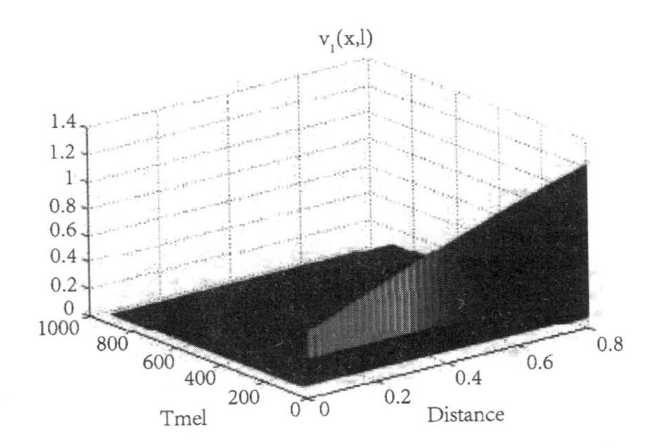

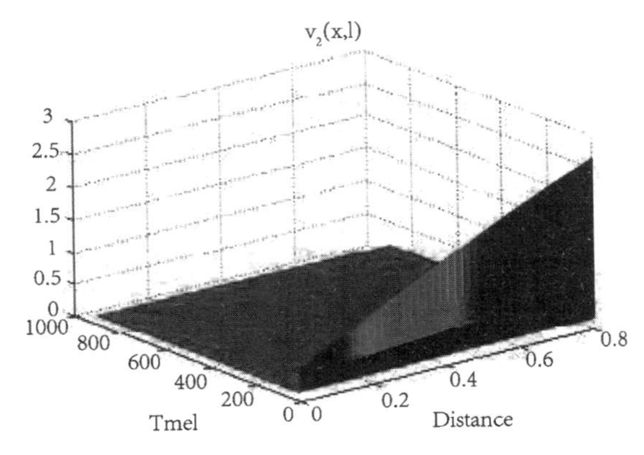

图 4-2　当 $\chi_1=\chi_2=0$ 时，系统（4-1）的所有非负解均收敛于 $u(x,\ t)=(0.683,\ 2.051,\ 1.333)$

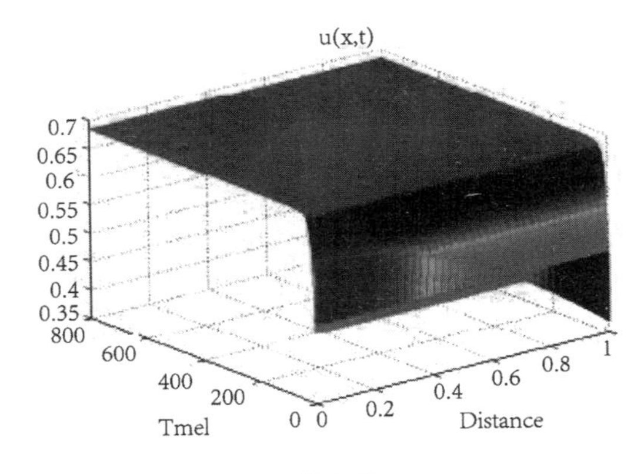

图 4-3

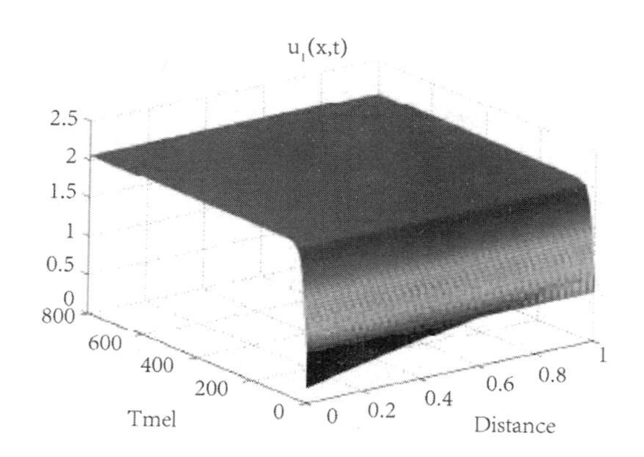

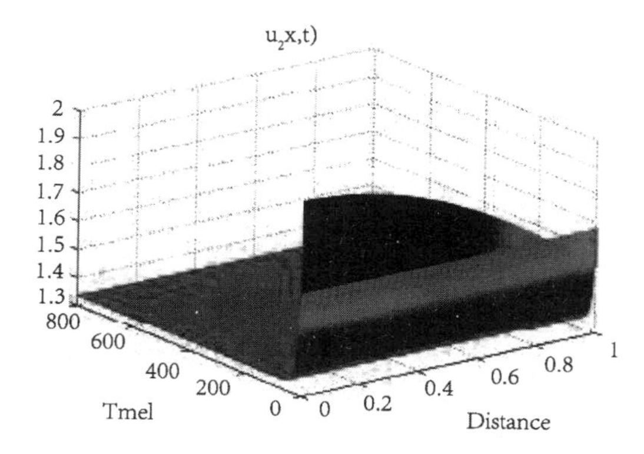

图 4-3　当 $\chi_1=\chi_2=200$ 较大时，系统的非常数稳态解

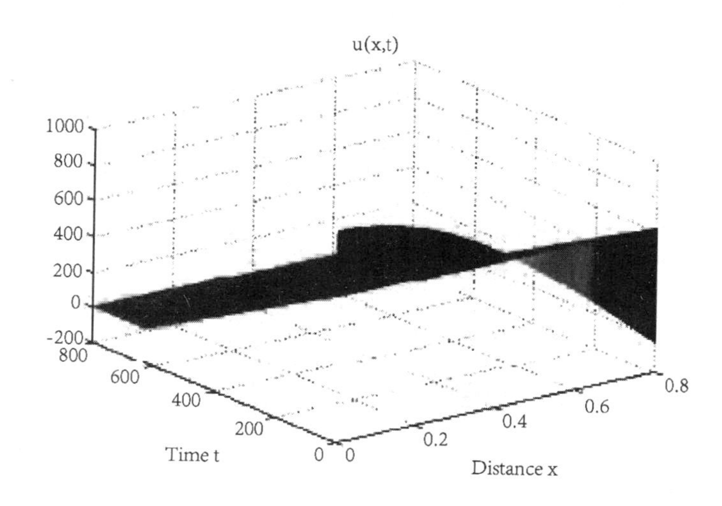

图 4-4

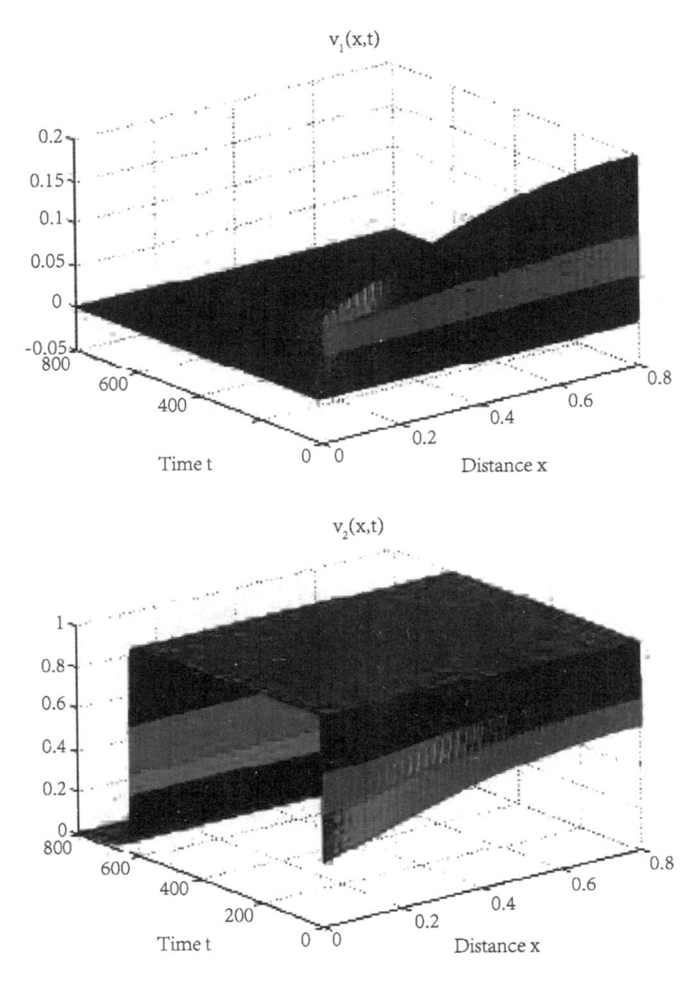

图 4-4　当具有较大的 $\chi_1=200$，$\chi_2=100$，系统的非常数稳态解

4.5 本章小结

本章研究了一类三种群捕食—食饵趋化扩散系统，其中两种捕食者之间是合作关系。首先利用半群理论及拟线性抛物方程的基本工具得到了解的全局存在性及一致有界性，且结果是对于任意的食饵趋化系数及空间维数均成立。此外，食饵趋化对系统正常数稳态解的稳定性有着不同程度的影响，当趋化系数较小时，正常数稳态解是全局渐近稳定的，而当趋化系数较大时，正常数稳态解变为不稳定，从而加强了系统空间模式生成的可能性，这与很多食饵趋化导致的稳定作用不同，参见文献［60］。

第5章

两类食饵一类捕食者的趋化扩散系统

5.1 模型的介绍

一般两种群的 Ronsenzwing-MacArthur 扩散模型可表示为：

$$
\begin{cases}
\dfrac{\partial u}{\partial t} = d_1\Delta u - cu + \Phi(v)u, x \in \Omega, t > 0 \\
\dfrac{\partial v}{\partial t} = d_2\Delta v + f(v) - \Phi(v)u, x \in \Omega, t > 0 \\
\dfrac{\partial u}{\partial n} = \dfrac{\partial v}{\partial n} = 0, x \in \partial\Omega, t > 0 \\
u(0,x) = u_0(x) \geqslant 0, v(0,x) = v_0(x) \geqslant 0, x \in \Omega
\end{cases}
\tag{5-1}
$$

其中 u 和 v 分别表示捕食者和食饵的密度函数；c 是捕食者的线性死亡率；$\Phi(v)>0$ 代表反应功能函数；$f(v)$ 是食饵的增长函数，分别满足：

（1）存在常数 $k_1>0$，$k_2>0$，使得 $f(0)=f(k_1)=0$，$g(0)=g(k_2)=0$。此外，

$$
\begin{cases}
f(v) > 0,\ 0 < v < k_1 \\
f(v) < 0,\ v > k_1
\end{cases}
\text{以及}
\begin{cases}
g(w) > 0,\ 0 < w < k_2 \\
g(w) < 0,\ w > k_2
\end{cases}
$$

（2）$\Phi(v) > 0$ 是单调递增的连续函数且 $\Phi(0) = 0$。

与第 3 章、第 4 章的三种群模型不同，本章在（5-1）的基础上，研究两类食饵一类捕食者的食饵趋化扩散系统：

$$\begin{cases}\dfrac{\partial u}{\partial t}=\Delta u-\nabla(\alpha u\nabla v)-\nabla(\beta u\nabla w)+u[-c+\Phi(v)+\Psi(w)],x\in\Omega,t>0\\ \dfrac{\partial v}{\partial t}=\Delta v+f(v)-u\Phi(v),x\in\Omega,t>0\\ \dfrac{\partial w}{\partial t}=\Delta w+g(w)-u\Phi(w),x\in\Omega,t>0\\ \dfrac{\partial u}{\partial n}=\dfrac{\partial v}{\partial n}=\dfrac{\partial w}{\partial n}=0,x\in\partial\Omega,t>0\\ u(0,x),v(0,x),w(0,x)=(u_0(x),v_0(x),w_0(x))\geqslant 0,x\in\Omega.\end{cases}$$

(5-2)

其中 v, w 分别表示两类食饵密度函数，且满足

(3)

$$\begin{cases}g(w)>0,\ 0<w<k_2\\ g(w)<0,\ w>k_2\end{cases}$$

特别地，$\alpha u\nabla v$ 和 $\beta u\nabla w$ 分别表示捕食者 u 同时会向食饵 u 和 w 密度增加的方向移动，α 和 β 分别表示食饵趋化敏感系数，注意到系统（5-2）的稳态解满足

$$\begin{cases}\Delta u-\nabla(\alpha u\nabla v)-\nabla(\beta u\nabla w)+u[-c+\Phi(v)+\Psi(w)]=0,\ x\in\Omega\\ \Delta v+f(v)-u\Phi(v)=0,\ x\in\Omega\\ \Delta w+g(w)-uF(w)=0,\ x\in\Omega\\ \dfrac{\partial u}{\partial n}=\dfrac{\partial v}{\partial n}=\dfrac{\partial w}{\partial n}=0,\ x\in\partial\Omega\\ (u(x),\ v(x),\ w(x))\geqslant 0,\ x\in\Omega\end{cases}$$

(5-3)

记$(u^*,\ v^*,\ w^*)$是系统（5-3）的正常数解，以食饵趋化系数 α 或者 β 为参数研究动力系统（5-2）从$(u^*,\ v^*,\ w^*)$处产生的全局稳

态分歧解。

本章中，

$$X:\ =\left\{u\in W^{2,p}(\Omega):\frac{\partial u}{\partial n}=0\right\},\ Y:\ =L^{P}(\Omega)$$
$$Y_0:\ =\left\{u\in Y:\int_{\Omega}u(x)\,\mathrm{d}x=0\right\},\ x_0:\ =X\cap Y_0 \tag{5-4}$$

且假设 $p>n$ 成立。

5.2 稳态分歧解

5.2.1 稳态分歧值

首先将系统（5-3）在常数平衡解$(u^*,\ v^*,\ w^*)$处线性化，我们可得如下特征值问题：

$$\begin{cases}\Delta\varphi-\alpha u^*\Delta\psi-\beta u^*\Delta\varphi+u^*\Phi'(v^*)\varphi+u^*\Psi'(w)\varphi=\mu\varphi, x\in\Omega\\ \Delta\psi+[f'(v^*)-u^*\Phi'(v^*)]\psi-\Phi(v^*)\varphi=\mu\psi, x\in\Omega\\ \Delta\varphi+[g'(w^*)-u^*\Psi'(w)]\varphi-\Psi(w^*)\varphi=\mu\varphi, x\in\Omega\\ \dfrac{\partial\varphi}{\partial n}=\dfrac{\partial\psi}{\partial n}=\dfrac{\partial\varphi}{\partial n}=0, x\in\partial\Omega\\ (u(x), v(x), w(x))\geqslant 0, x\in\Omega\end{cases} \tag{5-5}$$

下面证明（5-5）的特征值可由一系列矩阵的特征值表示。

引理 5.1　令$\{\lambda_n\}$表示$-\Delta$ 算子在 Neumann 边界条件下的特征值，满足 $0=\lambda_0<\lambda_1\leqslant\lambda_2\leqslant\cdots$ 而 $y_n(x)$ 是表示对应于 λ_n 的特征函数。令

(u^*, v^*, w^*)是系统（5-5）的正常数平衡解，记

$$A_n=\begin{pmatrix} -\lambda_n & \alpha u^*\lambda_n+u^*\Phi'(v^*) & \beta u^*\lambda_n+u^*\Psi'(w^*) \\ -\Phi(v^*)-\lambda_n & +f'(v^*)-u^*\Phi'(v^*) & 0 \\ -\Psi(w^*) & 0 & -\lambda_n+g'(w^*)-u^*\Psi'(w^*) \end{pmatrix} \quad (5-6)$$

那么

（1）若μ是式（5-5）的特征值，那么存在$n\in\mathbb{N}$，使得μ是式（5-6）的一个特征值；若(a_n, b_n, c_n)是式（5-6）对μ的特征向量，那么$(a_n, b_n, c_n)y_n$就是式（5-5）对应于μ的特征函数。

（1）常数平衡解(u^*, v^*, w^*)关于系统（5-5）是局部渐近稳定的当且仅当对于任意的$n\in\mathbb{N}$，矩阵A_n的每个特征值都具有负实部。

（3）常数平衡解(u^*, v^*, w^*)关于系统（5-5）是不稳定的当且仅当存在某个$n\in\mathbb{N}$，使得A_n至少具有一个非实部的特征值。

证明：令μ是式（5-5）的一个特征值，对应的特征函数为（φ，ψ，φ），由 Fourier 展开可知存在数列$\{a_n\}$，$\{b_n\}$，$\{c_n\}$使得

$$\varphi(x)=\sum_{n=0}^{\infty}a_ny_n(x),\ \psi(x)=\sum_{n=0}^{\infty}b_ny_n(x),\ \varphi(x)=\sum_{n=0}^{\infty}c_ny_n(x)$$

由于（φ，ψ，φ）$\neq(0, 0, 0)$，那么存在某个$n\in\mathbb{N}_0$使得$(a_n, b_n, c_n)\equiv(0, 0, 0)$。在式（5-5）的三个方程里两端同时乘以$y_n$且在$\Omega$上积分，我们可得

$$\begin{cases} -\lambda_na_n+\alpha u^*\lambda_nb_n+\beta u^*\lambda_nc_n+u^*\Phi'(v^*)b_n+u^*\Psi'(w^*)c_n=\mu a_n \\ -\lambda_nb_n+[f'(v^*)-u^*\Phi'(v^*)]b_n-\Phi(v^*)a_n=\mu b_n \\ -\lambda_nc_n+[g'(w^*)-u^*\Psi'(w^*)]c_n-\Psi(w^*)a_n=\mu c_n \end{cases}$$

这里利用了 Neumann 边界条件及$\|y_n\|_{L^2(\Omega)}=1$，那么

$$A_n\begin{pmatrix}a_n\\b_n\\c_n\end{pmatrix}=\mu\begin{pmatrix}a_n\\b_n\\c_n\end{pmatrix}$$

其中 A_n 是由式（5-6）所定义，因此式（5-5）的特征值可由矩阵 A_n 的特征值所确定，由文献（［4，9］）的线性稳定性判定方法可知，常数平衡解(u^*, v^*, w^*)对式（5-2）是局部线性稳定的当且仅当式（5-6）的特征值μ具有负实部，证明完毕。

直接计算可得，矩阵 A_n 的特征值是如下特征多项式的根：

$$P(\mu)=\mu^3+a_2(\alpha, \lambda_n)\mu^2+a_1(\alpha, \lambda_n)\mu+a_0(\alpha, \lambda_n) \tag{5-7}$$

其中

$$a_2(\alpha, \lambda_n)=3\lambda_n+A+B$$

$$a_1(\alpha, \lambda_n)=3\lambda_n^2+[2A+2B+\alpha u^*\Phi+\beta u^*\Psi]\lambda_n+[AB+u^*\Phi'(v^*)\Phi+u^*\Psi'(w^*)\Psi]$$

$$a_0(\alpha, \lambda_n)=\lambda_n^3+[A+B+\alpha u^*\Phi+\beta u^*\Psi]\lambda_n^2+[AB+u^*\Phi'(v^*)\Phi+u^*\Psi'(w^*)\Psi+\beta Au^*\Psi+\alpha Bu^*\Phi]\lambda_n+u^*\Psi'(w^*)\Psi A+u^*\Phi'(v^*)\Phi(v^*)B$$

且

$$A=u^*\Phi'(v^*)-f'(v^*)>0, \quad B=u^*\Psi'(w^*)-g'(w^*)<0$$

满足 $A+B>0$ 显然对于任意的 $n\in\mathbb{N}$，$a_2(\alpha, \lambda_n)>0$，则由 Routh-Hurwitz 法则（见文献［7］），我们有如下结论。

推论 5-2　令(u^*, v^*, w^*)是系统（5-2）的正常数平衡解，那么

（1）(u^*, v^*, w^*)对于系统（5-2）是局部渐近稳定的当且仅当对于任意的 $n\in\mathbb{N}$，(S1) $a_0(\alpha, \lambda_n)>0$，$a_2(\alpha, \lambda_n)a_1(\alpha, \lambda_n)-a_0$

$(\alpha, \lambda_n)>0$ 成立。

（2）(u^*, v^*, w^*) 对于式（5-2）是不稳定的当且仅当存在某个 $n\in\mathbb{N}$ 使得 $(S2)\ a_0(\alpha, \lambda_n)\leqslant 0$，$a_2(\alpha, \lambda_n)a_1(\alpha, \lambda_n)\leqslant a_0(\alpha, \lambda_n)$ 成立。

下面分析稳定与不稳定的分界线，其中如下方程给出：

$a_0(\alpha, \lambda_n)=0$，且 $T(\alpha, \lambda_n)=a_2(\alpha, \lambda_n)a_1(\alpha, \lambda_n)-a_0(\alpha, \lambda_n)=0$。

记 $S=\{(\alpha, p)\in\mathbb{R}_+^2: a_0(\alpha, p)=0\}$ 是稳态分歧曲线，$H=\{(\alpha, p)\in\mathbb{R}_+^2: T(\alpha, p)=0\}$ 是 Hopf 分歧曲线（见文献［3］）。

注意到 $a_0(\alpha, \lambda_n)$ 关于 α 是性线变化的，那么曲线 S 的图可表示为

$$\alpha_S(p)=-\frac{1}{u^*\Phi p(p+B)}[p^3+(A+B+\beta u^*\Psi)p^2+(AB+u^*\Phi'(v^*)\Phi+u^*\Psi^*+\beta Au^*\Psi)p+u^*\Psi(w^*)\Psi A+u^*\Phi'(v^*)\Phi B]$$

$$=-\frac{1}{u^*\Phi}\left[p+A+\frac{u^*\Phi'(v^*)\Phi}{p}+\frac{\beta(p+A)u^*\Psi}{p+B}+\frac{u^*\Psi(w^*)\Psi}{p+B}+\frac{Au^*\Psi(w^*)\Psi}{p(p+B)}\right] \tag{5-8}$$

且 $\alpha_H(p)$ 是 $T(\alpha, p)=0$ 的解，这里 $\alpha_H(p)$ 是函数 H 的图表示。

那么 $\alpha_S(p)$ 有如下性质：

引理 5.2　假设 A，$\Phi'(v^*)$，$\Psi'(w^*)$，Φ，Ψ，$\beta>0$，$B<0$，令 $\alpha_S(p)$ 是由式（5-8）所定义，若 $p^*>\dfrac{A\Psi'(w^*)\Psi}{\Phi'(v^*)\Phi}$，那么 $\alpha_S(p)$ 的驻点是极大值点，且 $\lim\limits_{p\to\infty}\alpha_S(p)=\infty$，其中 p^* 就是 $\alpha_S(p)$ 的驻点。

证明：将式（5-8）两端同时关于 p 求导可得

$$\alpha_S'(p)=-\frac{1}{u^*\Phi}$$

$$\left[1-\frac{u'\Phi'(v^*)\Phi}{p^2}+\frac{\beta u^*\Psi(B-A)}{(p+B)^2}-\frac{u^*\Psi(w^*)\Psi}{(p+B)^2}-\frac{Au^*\Psi(w^*)\Psi}{p(p+B)^2}-\frac{Au^*\Psi(w^*)\Psi}{p^2(p+B)}\right]$$

若 p^* 是 $\alpha_S(p)$ 的驻点，即 $\alpha'_s(p^*)=0$，那么 p^* 满足

$$\frac{\beta u^*\Psi(A-B)}{(p+B)^2}+\frac{u^*\Psi'(w^*)\Psi}{(p+B)^2}=1-\frac{u^*\Phi'(v^*)\Phi}{p^2}-\frac{Au^*\Psi'(w^*)\Psi}{p(p+B)^2}-\frac{Au^*\Psi'(w^*)\Psi}{p^2(p+B)}$$

进而

$$\alpha_S''(p^*)=-\frac{1}{u'\Phi}\left[\frac{2u^*\Phi'(v^*)\Phi}{p^{*3}}+\frac{2\beta u^*\Psi(A-B)}{(p^*+B)^3}+\frac{2u^*\Psi'(w^*)\Psi}{(p^*+B)^3}+\frac{2Au^*\Psi'(w^*)\Psi}{p^{*2}(p^*+B)^2}+\frac{2Au^*\Psi'(w^*)\Psi}{p^*(p^*+B)^3}+\frac{2Au^*\Psi'(w^*)\Psi}{p^{*3}(p^*+B)}\right.$$

$$=-\frac{1}{u^*\Phi}\left[\frac{2u^*\Phi'(v^*)\Phi}{p^{*3}}+\frac{2}{p^*+B}\left(1-\frac{u^*\Phi'(v^*)\Phi}{p^{*2}}\right)+\frac{2Au^*\Psi'(w^*)\Psi}{p^{*3}(p^*+B)}\right]$$

$$=-\frac{1}{u^*\Phi(p^*+B)}\left[\frac{u^*\Phi'(v^*)\Phi}{p^{*2}}+2+\frac{2u^*(A\Psi'(w^*)\Psi+B\Phi'(v^*)\Phi)}{p^{*3}}\right]$$

若 $p^*+B>0$ 且 $A\Psi'(w^*)\Psi+B\Phi'(v^*)\Phi>0$ 时，即 $p^*>-B$，当 $p^*<\frac{A\Psi'(w^*)\Psi}{\Phi'(v^*)\Phi}$，$-B<\frac{A\Psi'(w^*)\Psi}{\Phi'(v^*)\Phi}$时，那么 $\alpha_S''(p)<0$。

因此 $\alpha_S(p)$ 的驻点是一个极大值点，且易知$\lim\limits_{p\to\infty}\alpha_S(p)=-\infty$。

5.2.2 全局稳态分歧分析

接下来，我们进一步分析当 α 在 α_S 附近变化时，系统（5-2）从常数平衡解(u^*, v^*, w^*)产生的稳态分歧解。首先根据引理 5.1 的结果，我们有：

命题 5.1　令$\{\lambda_n\}$表示$-\Delta$ 算子在 Neumann 边界条件下的特征值，满足 $0=\lambda_0\leqslant\lambda_1\leqslant\lambda_2\leqslant\cdots$ 而 $y_n(x)$ 是表示对应于 λ_n 的特征函数。令(u^*, v^*, w^*)是系统（5-2）的正常数平衡解，记 α_S，满足式（5-8）

且对于 $n\in\mathbb{N}$，定义

$$\alpha_n^S=\alpha_S(\lambda_n) \tag{5-9}$$

那么式（5-2）的有零特征值当且仅当对于某个 $n\in\mathbb{N}$，$\alpha=\alpha_n^S$。且相应的特征函数为 $V_n y_n$，其中 V_n 满足 $A_n V_n=0$。

下面的全局分歧定理（见文献《有界区域上拟线性椭圆形方程组的全局分歧》[99]、《简单特征值分岔》[100]）是我们的主要工具：

引理5.3　令 V 是$\mathbb{R}\times X$ 的连通开子集且$(\lambda_0, u_0)\in V$，令 F 是 V 到 Y 的一个连续可微映射。假设

（1）$F(\lambda, u_0)=0\quad \forall(\lambda, u_0)\in V$。

（2）偏导数 $D_{\lambda u}F(\lambda, u)$存在且在$(\lambda_0, u_0)$附近连续。

（3）$D_uF(\lambda_0, u_0)$是零指标的 Fredholm 算子，且 $\dim N(D_uF(\lambda_0, u_0))=1$。

（4）$D_\lambda(D_uF(\lambda_0, u_0))[w_0]\notin R(D_uF(\lambda_0, u_0))$，其中 $w_0\in X$ 是 $N(D_uF(\lambda_0, u_0))$的生成元。

令 Z 是 $\text{span}\{w_0\}$ 在 X 中的补集，那么存在一个开区间 $I_1=(-\epsilon, \epsilon)$及连续函数 $\lambda: I_1\to\mathbb{R}$，$\psi: I_1\to Z$，满足 $\lambda(0)=\lambda_0$，$\psi(0)=0$，以及当 $u(s)=u_0+sw_0+s\psi(s)$，$s\in I_1$ 时，有 $F(\lambda(s), u(s))=0$。此外，在(λ_0, u_0)附近，$F^{-1}(\{0\})$恰好由曲线 $u=u_0$ 及 $\Gamma=\{(\lambda(s), u(s)): s\in I_1\}$表示。若对于所有的$(\lambda, u)\in V$，$D_uF(\lambda, u)$均是 Fredholm 算子，那么曲线 Γ 包含在 $\bar{S}$ 的一个连通分支 C 上，其中

$S: \{(\lambda, u)\in V: F(\lambda, u)=0, u\neq u_0\}$

最后，或者 C 在 V 中是非紧的，或者其包含一个点(λ_*, u_0)，$\lambda_*\neq\lambda_0$。

接下来我们可得系统（5-2）在(u^*, v^*, w^*)处的全局稳态分歧解。

定理 5.1　假设 A, $\Phi'(v^*)$, $\Psi'(w^*)$, Φ, Ψ, $\beta>0$, $B<0$, 令 α_n^S 由式（5-9）所定义。假设

（A1）对于某个 $j\in\mathbb{N}$, λ_j 是 $-\Delta$ 算子的单重特征值，相应的特征函数为 $y_j(x)$。

（A2）对于任意的 $n\in\mathbb{N}$, $\alpha_j^S\neq\alpha_n^H$, 当 $n\neq j$ 时，$\alpha_j^S\neq\alpha_n^S$。

那么

（1）在 $(u, v, w, \alpha)=(u^*, v^*, w^*, \alpha_j^S)$ 附近，系统（5-2）有唯一的单参数解 $\Gamma_j=\{(\hat{U}_j(s), \hat{\alpha}_j(s)): -\varepsilon<s<\varepsilon\}$。进一步地，存在 $\varepsilon>0$ 及 C^∞ 函数 $s\mapsto(\hat{U}_j(s), \hat{\alpha}_j(s))$ 满足 $s\in(-\varepsilon, \varepsilon)\mapsto X^3\times\mathbb{R}$ 且

$(\hat{U}_j(0), \hat{\alpha}_j(0))=((u^*, v^*, w^*), \alpha_j^S)$,

及

$$\hat{U}_j(s)=(u^*, v^*, w^*)+sy_j(x)$$

$$\left(\lambda_j+u^*\Phi'(v^*)-f'(v^*),\ \Phi,\ \frac{\Psi(\lambda_j+u^*\Phi'(v^*)-f'(v^*))}{\lambda_j+u^*\Psi'(w^*)-g'(w^*)}\right)+$$

$$s(h_{1,}j(s),\ h_{2,}j(s),\ h_{3,}j(s))$$

使得 $h_1, j(0)=h_2, j(0)=h_3, j(0)=0$;

（2）Γ_j 是 $\bar{S}$ 的连通分支 C_j 的子集，$S=\{(u, v, w, \alpha)\in X^3\times\mathbb{R}: (u, v, w, \alpha)\}$ 是系统（5-2）的非平凡正平衡解，此外，或者 C_j 包含另一个分歧点 $(u^*, v^*, w^*, \alpha_k^S)$, $\alpha_k^S\neq\alpha_j^S$, 或者 C_j 是无界的。

证明：定义映射 F: $X^3\times\mathbb{R}\to Y_0\times Y^2\times\mathbb{R}$ 满足

$$F(u, v, w, \alpha)=\begin{pmatrix}\Delta u-\nabla(\alpha u\nabla v)-\nabla(\beta u\nabla w)+u(-c+\Phi+\Psi)\\ \Delta v+f(v)-u\Phi\\ \Delta w+g(w)-u\Psi\end{pmatrix}$$

对于方程 $F(u, v, w, \alpha)=0$ 在 $(u^*, v^*, w^*, \alpha_j^S)$ 附近应用引理5.3，我们可得 $F(u^*, v^*, w^*, \alpha_j^S)=0$，且 F 是连续可微的。接下来我们逐个验证引理5.3中的其他条件。

①$F_U(u^*, v^*, w^*, \alpha_j^S)$ 是零指标的 Fredholm 算子，且核空间 $N(F_U(u^*, v^*, w^*, \alpha_j^S))$ 是一维的，其中 $U=(u, v, w)$。

由于 $F_U(u^*, v^*, w^*, \alpha_j^S)$ 是从 X^3 到 $Y_0\times Y^2\times\mathbb{R}$ 的线性算子，因此 $F_U(u^*, v^*, w^*, \alpha_j^S)$ 就是零指标的 Fredholm 算子（参见文献[61]）。为了得到 $N(F_U(u^*, v^*, w^*, \alpha_j^S))\neq\{0\}$，我们计算

$$F_U(u^*, v^*, w^*, \alpha_j^S)[\varphi, \psi, \varphi]=$$

$$\begin{pmatrix} \Delta\varphi-\nabla(\alpha_j^S u^*\nabla\psi)-\nabla(\beta u^*\nabla\varphi)+u^*\Phi'(v^*)\psi+u^*\Psi'(w^*)\varphi \\ \Delta\psi+f'(v^*)\psi-u^*\Phi'(v^*)\psi-\Phi\varphi \\ \Delta\varphi+g'(w^*)\varphi-u^*\Psi'(w^*)\varphi-\Psi\varphi \end{pmatrix}。$$

令 $(\varphi, \psi, \varphi)(\neq0)\in F_U(u^*, v^*, w^*, \alpha_j^S)$，那么由引理5.1可知存在 $j\in\mathbb{N}$，使得0是 A_j 的特征值，对应的特征向量是

$$(a_j^*, b_j^*, c_j^*)y_j=$$

$$\left(\lambda_j+u^*\Phi'(v^*)-f'(v^*), \Phi, \frac{\Psi(\lambda_j+u^*\Phi'(v^*)-f'(v^*))}{\lambda_j+u^*\Psi'(w^*)-g'(w^*)}\right)y_j$$

条件（A1）表明该特征向量所构成的线性空间是一维的，因此

$$N(F_U(u^*, v^*, w^*, \alpha_j^s))=\mathrm{span}\{(a_j^*, b_j^*, c_j^*)y_j\}$$

因此 $\dim(N(F_U(u^*, v^*, w^*, \alpha_j^S)))=1$。

②$F_{\alpha U}(u^*, v^*, w^*, \alpha_j^S)[(a_j^*, b_j^*, c_j^*)y_j]\notin$

$$R(F_U(u^*, v^*, w^*, \alpha_j^S))$$

定义

$$R(F_U(u^*, v^*, w^*, \alpha_j^S))=$$

$$\left\{(h_1, h_2, h_3, r) \in Y_0 \times Y^2 \times \mathbb{R}: \int_\Omega (\bar{a}_j h_1 + \bar{b}_j h_2 + \bar{c}_j h_3) y_j \mathrm{d}x = 0\right\} \tag{5-10}$$

其中$(\bar{a}_j, \bar{b}_j, \bar{c}_j)$是对应于$A_n^T$的特征值$\mu=0$的非零特征向量，这里$A_n^T$是矩阵$A_n$的转置，且

$$(\bar{a}_j, \bar{b}_j, \bar{c}_j) = \begin{pmatrix} \lambda_j + u^*\Phi'(v^*) - f'(v^*), \ \alpha u^*\lambda_j + u^*\Phi, \\ \dfrac{(\alpha u^*\lambda_j + u^*\Phi)(\lambda_j + u^*\Phi'(v^*) - f'(v^*))}{\lambda_j + u^*\Psi'(w^*) - g'(w^*)} \end{pmatrix} y_j$$

进一步，若$(h_1, h_2, h_3, r) \in R(F_U(u^*, v^*, w^*, \alpha_j^S))$，那么存在$(\varphi_1, \psi_1, \varphi_1) \in X^3$，使得$F_U(u^*, v^*, w^*, \alpha_j^S)[\varphi_1, \psi_1, \varphi_1] = (h_1, h_2, h_3, r)$。

定义

$$L[\varphi, \psi, \varphi] = \begin{pmatrix} \Delta\varphi - \alpha_j^s u^*\Delta\psi - \beta u^*\Delta\varphi + u^*\Phi'(v^*)\psi + u^*\Psi'(w^*)\varphi \\ \Delta\psi + f'(v^*)\psi - u^*\Phi'(v^*)\psi - \Phi\varphi \\ \Delta\varphi + g'(w^*)\varphi - u^*\Psi'(w^*)\varphi - \Psi\varphi \end{pmatrix}$$

及其共轭算子

$$L^*[\varphi, \psi, \varphi] = \begin{pmatrix} \Delta\varphi - \Phi\psi - \Psi\varphi \\ \Delta\psi - \alpha_j^S u^*\Delta\varphi + u^*\Phi'(v^*)\varphi + f'(v^*)\psi - u^*\Phi'(\nu^*)\psi \\ \Delta\varphi - \beta u^*\Delta\varphi + u^*\Psi'(w^*)\varphi + g'(w^*)\varphi - u^*\Psi'(w^*)\varphi \end{pmatrix}$$

那么

$$\langle (h_1, h_2, h_3), (\bar{a}_j, \bar{b}_j, \bar{c}_j)y_j \rangle = \langle L[(\varphi_1, \psi_1, \varphi_1)], (\bar{a}_j, \bar{b}_j, \bar{c}_j)y_j \rangle =$$

$$\langle (\varphi_1, \psi_1, \varphi_1), L^*[(\bar{a}_j, \bar{b}_j, \bar{c}_j)y_j] \rangle = \langle (\varphi_1, \psi_1, \varphi_1), A_n^*[(\bar{a}_j, \bar{b}_j, \bar{c}_j)y_j] \rangle$$

其中$\langle \cdot, \cdot \rangle$是$[L^2(\Omega)]^3$的内积。如果

$(h_1, h_2, h_3, r) \in R(F_U(u^*, v^*, w^*, \alpha_j^S))$

那么

$$\int_{\Omega}(\bar{a}_j h_1 + \bar{b}_j h_2 + c_j h_3) y_j \mathrm{d}x = 0 \tag{5-11}$$

由于式（5-11）定义了 $Y_0 \times Y^2 \times \mathbb{R}$ 的余一维子集，我们可得

$$codimR(F_U(u^*, v^*, w^*, \alpha_j^S)) = \dim N(F_U(u^*, v^*, w^*, \alpha_j^S)) = 1,$$

则 $R(F_U(u^*, v^*, w^*, \alpha_j^S))$ 一定满足式（5-10）。

注意到

$$F_{\alpha U}(u^*, v^*, w^*, \alpha_j^S)[(a_j^*, b_j^*, c_j^*) y_j] =$$

$$(-u^* b_j^* \Delta y_j, 0, 0, 0) = (u^* \Phi \lambda_j y_j, 0, 0, 0)$$

那么由式（5-10）可得

$$\int_{\Omega}(\bar{a}_j h_1 + \bar{b}_j h_2 + \bar{c}_j h_3) y_j \mathrm{d}x = \int_{\Omega}(\lambda_j + u^* \Phi'(v^*) - f'(v^*)) u^* \Phi \lambda_j y_j \mathrm{d}x > 0$$

这样 $F_{\alpha U}(u^*, v^*, w^*, \alpha_j^S)[(a_j^*, b_j^*, c_j^*) y_j] \notin R(F_U(u^*, v^*, w^*, \alpha_j^S))$。

最后对于 $\forall (u, v, w, \lambda) \in X^3 \times \mathbb{R}$，由文献［61］的引理 2.3 可得 $F_U(u^*, v^*, w^*, \alpha_j^S)$ 是零指标的 Fredholm 算子，那么引理 5.3 中的所有条件均已证得，所以从 $(u^*, v^*, w^*, \alpha_j^S)$ 处分歧出来的非常数稳态解一定位于系统（5-2）非平凡解的一个连通分支上。此外，C_j 上所有解均是正的，这是因为解在分歧点 $(u^*, v^*, w^*, \alpha_j^S)$ 附近，而 $u^*>0$，$v^*>0$，$w^*>0$。另外，由系统（5-2）中 v 和 w 的方程可知，若 u 是非负解，则存在 $(u, v, w, \lambda) \in C_j$ 使得 $v(x)>0$，$w(x)>0$ 且 $u(x)>0$。这样，式（5-2）的第一个方程关于 u 是线性的，这与强最大值原理矛盾。因此，C_j 上的所有解均是正的。证明完毕。

5.3 数值模拟

这一节我们用一些数值模拟来展示前面的理论分析结果。取反应功能函数 $\Phi(v)=\dfrac{m_1v}{a_1+v}$，$\Psi(w)=\dfrac{m_2v}{a_2+v}$为常见的 Holling Ⅱ型，取 $f(v)=v(k_1-v)$为常见的 Logistic 增长函数，我们将在一维空间 $\Omega=(0,\ 30\pi)$上考虑系统（5-1）。

（1）取 Φ（v），Ψ（w）的参数为 $a_1=0.56$，$a_2=0.56$，$m_1=0.35$，$m_2=0.35$。那么当 $\alpha=\beta=0$ 时，常数稳态解$(u^*,\ v^*,\ w^*)$是局部渐近稳定的，见图 5-1，其中初始函数为$(u_0,\ v_0,\ w_0)=$（$3.3+0.01\sin(10x)$；$1.4+0.02\sin(x)$；$1.4+0.02\sin(x)$）；而定理 5.1 表明$(u^*,\ v^*,\ w^*)$随着 α，β 增加会变得不稳定，见图 5-2，当 $\alpha=100$，$\beta=1$时，系统（5-1）从$(u^*,\ v^*,\ w^*)$分歧出非常数的稳态解。

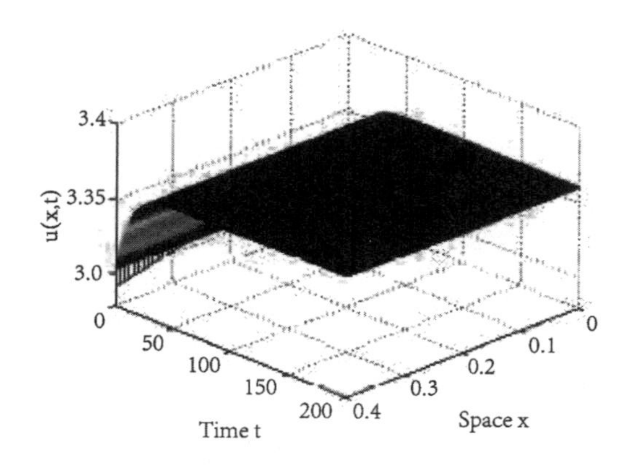

图 5-1

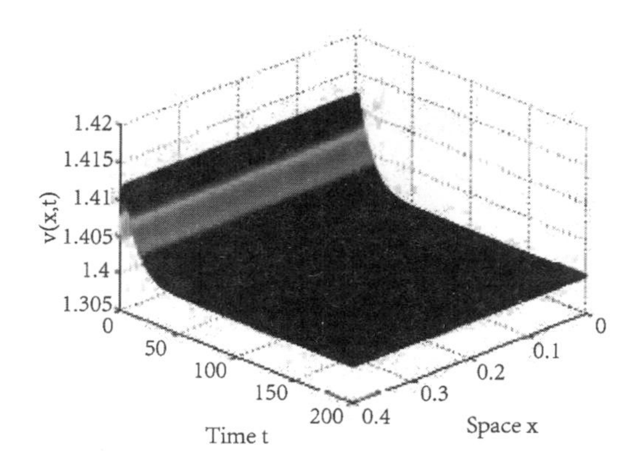

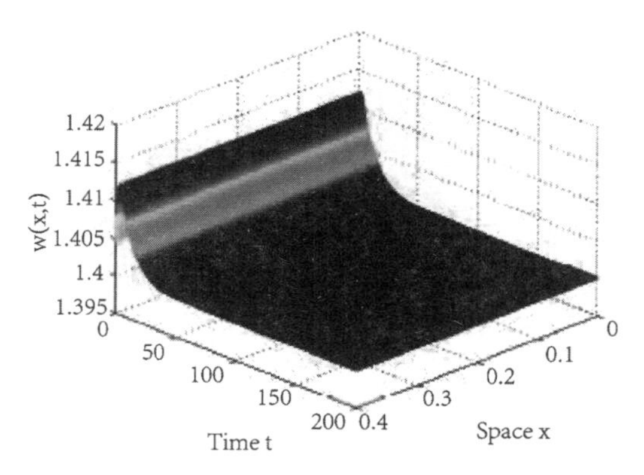

图 5-1　系统（5-1）的一些非负解收敛于正常数稳态解(u^*, v^*, w^*)

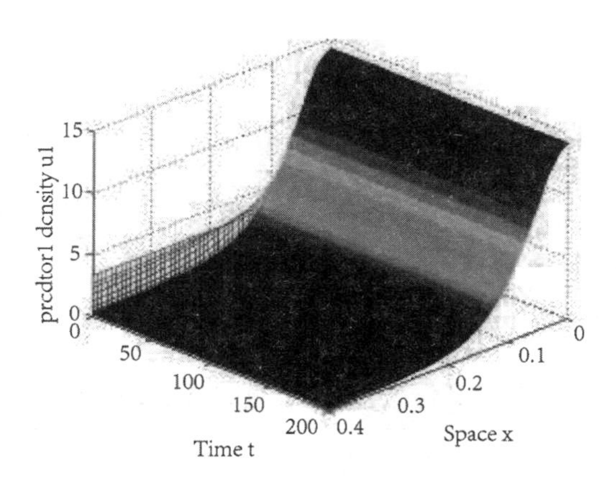

图 5-2

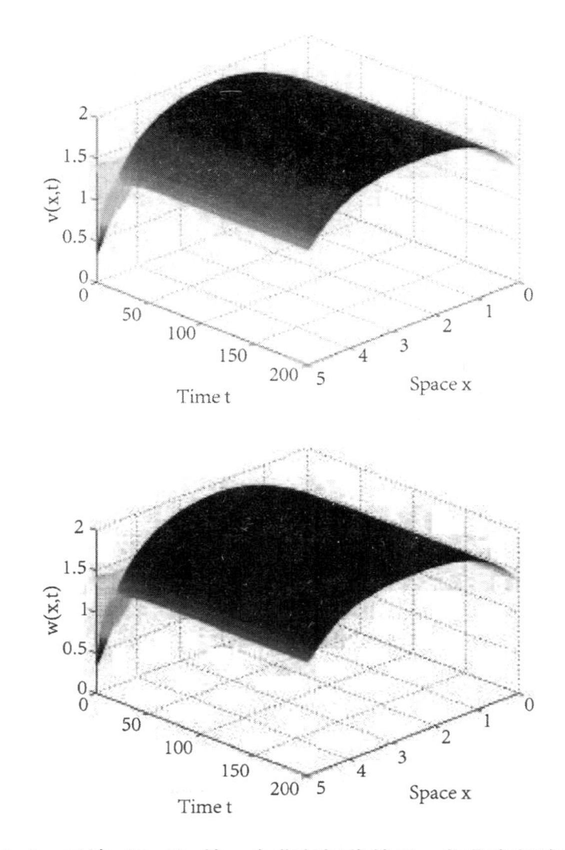

图 5-2　系统（5-1）的一个非负解收敛于一些非常数稳态解

（2）其他参数同上，但是 $m_1=0.43$，$m_2=0.43$ 那么当 $\alpha=\beta=0$ 时，(u^*, v^*, w^*) 是不稳定的且系统有一个从 (u^*, v^*, w^*) 处分支出的周期解，见图 5-3，其中初始函数为 (u_0, v_0, w_0) =（3.9，0.75，0.75）。但是随着 α，β 增大，我们发现 (u^*, v^*, w^*) 逐渐稳定，见图 5-4，其中初始函数 (u_0, v_0, w_0) =（2，1，1）。

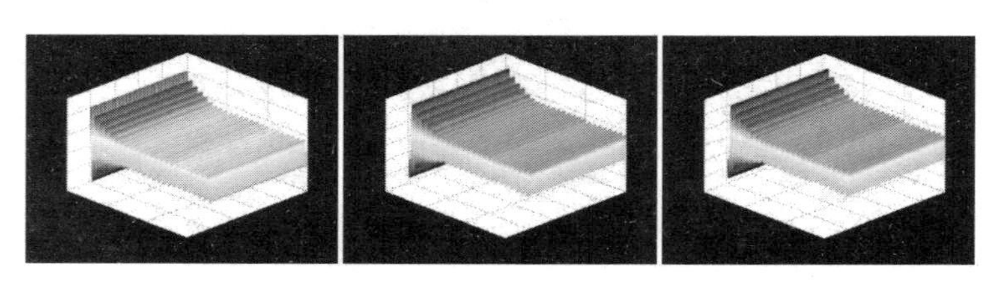

图 5-3　系统（5-1）从 (u^*, v^*, w^*) 分歧出的周期解

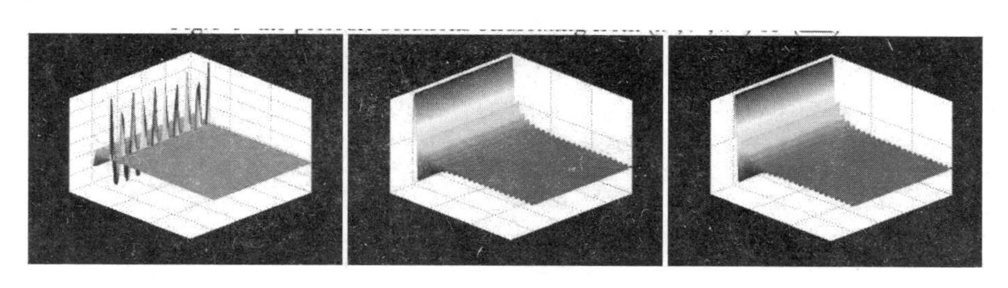

图 5-4 大的趋化系数 α 和 β 结果收敛于 (u^*, v^*, w^*)

5.4 二阶带时标的非线性奇异动力方程的正解

本小节我们研究二阶带时标的非线性奇异动力方程 m 点边值问题的正解：

$$\begin{cases} u^{\Delta\nabla}(t)+a(t)u^{\Delta}(t)+b(t)u(t)+q(t)f(t, u(t))=0, \ t\in(0, 1), \ t\neq t_k \\ u^{\Delta}(t_k^+)=u^{\Delta}(t_k)-I_k(u(t_k)), \ k=1, 2, \cdots, n \\ u(\rho(0))=0, \ u(\sigma(1))=\sum\limits_{i=1}^{m-2}\alpha_i u(\eta_i) \end{cases} \tag{5-12}$$

利用维上的混合单调不动点定理，我们得到了正解的存在性和唯一性。本文中方程的非线性项可能是奇异的，并举例说明相应的结果。

由文献［73］中的引理 2.1 和引理 2.2，我们给出下面引理。

引理 5.4 假设（C3）成立。则方程

$$\begin{cases} \varphi_1^{\Delta\nabla}(t)+a(t)\varphi_1^{\Delta}(t)+b(t)\varphi_1(t)=0, \ t\in(0, 1) \\ \varphi_1(\rho(0))=0, \ \varphi_1(\sigma(1))=1 \end{cases} \tag{5-13}$$

和

$$\begin{cases}\varphi_2^{\Delta\nabla}(t)+a(t)\varphi_2^{\Delta}(t)+b(t)\varphi_2(t)=0,\ t\in(0,1)\\ \varphi_2(\rho(0))=1,\ \varphi_2(\sigma(1))=0\end{cases}\tag{5-14}$$

各自有唯一的解的 φ_1 和 φ_2，并且

(a) φ_1 在 $[\rho(0),\sigma(1)]$ 上是严格递增的；

(b) φ_2 在 $[\rho(0),\sigma(1)]$ 上是严格递减的。

在余下的行文里我们需要这样的假设

(C4) $0<\sum_{i=1}^{m-2}\alpha_i\varphi_1(\eta_i)<1$

引理 5.5　假设 (C3) 和 (C4) 成立。令 $x\in C[\rho(0),\sigma(1)]$，则边值问题

$$\begin{cases}x^{\Delta\nabla}(t)+a(t)x^{\Delta}(t)+b(t)x(t)+x(t)=0,\ t\in(0,1)\\ x(\rho(0))=0,\ x(\sigma(1))=\sum_{i=1}^{m-2}\alpha_i x(\eta_i)\end{cases}\tag{5-15}$$

等价于积分方程

$$x(t)=\int_{\rho(0)}^{\sigma(1)}H(t,s)p(s)x(s)\nabla s+A\varphi_1(t)\tag{5-16}$$

其中

$$p(t)=e_a(\rho(t),\rho(0))$$

$$A=\frac{1}{1-\sum_{i=1}^{m-2}\alpha_i\varphi_1(\eta_i)}\sum_{i=1}^{m-2}\alpha_i\int_{\rho(0)}^{\sigma(1)}H(\eta_i,s)p(s)x(s)\mathrm{d}s$$

$$H(t,s)=\frac{1}{\varphi_1^{\Delta}(\rho(0))}\begin{cases}\varphi_1(s)\varphi_2(t), & s\leqslant t\\ \varphi_1(t)\varphi_2(s), & t\leqslant s\end{cases}\tag{5-17}$$

引理 5.6　格林函数 $H(t,s)$ 有以下性质

$G_0(t)G^*(s)\leqslant G(t,s)\leqslant G^*(s)$，$G(t,s)\leqslant\varphi_1(t)C(s)$

其中

$$C(s)=\frac{\|\varphi_2\|}{\varphi_1^{\Delta}(\rho(0))}+\frac{1}{1-\sum_{i=1}^{m-2}\alpha_i\varphi_1(\eta_i)}\sum_{i=1}^{m-2}\alpha_iH(\eta_i,\ s)$$

$$G^*(s)=H(s,\ s)+\frac{\|\varphi_1\|}{1-\sum_{i=1}^{m-2}\alpha_i\varphi_1(\eta_i)}\sum_{i=1}^{m-2}\alpha_iH(\eta_i,\ s)$$

并且

$$G_0(t)=\frac{\varphi_1^{\Delta}(\rho(0))}{\|\varphi_1\|\ \|\varphi_2\|}H(t,\ t)$$

引理 5.7　假设（C3）和（C4）成立。令 $u\in C[\rho(0),\sigma(1)]$ 是边值问题式（5-12）的解当且仅当 u 是下面动力积分方程的解

$$u(t)=\int_{\rho(0)}^{\sigma(1)}G(t,\ s)p(s)q(s)f(s,\ u(s))\nabla s+\sum_{k=1}^{n}G(t,\ t_k)I_k(u(t_k))$$

其中

$$G(t,\ s)=H(t,\ s)+\frac{1}{1-\sum_{i=1}^{m-2}\alpha_i\varphi_1(\eta_i)}\sum_{i=1}^{m-2}\alpha_iH(\eta_i,\ s)\varphi_1(t)$$

引理 5.8　由引理 5.7 所定义的格林函数 $G(t,\ s)$ 有如下性质

$$G_0(t)G^*(s)\leqslant G(t,\ s)\leqslant G^*(s),\ G(t,\ s)\leqslant\varphi_1(t)C(s)$$

其中

$$C(s)=\frac{\|\varphi_2\|}{\varphi_1^{\Delta}(\rho(0))}+\frac{1}{1-\sum_{i=1}^{m-2}\alpha_i\varphi_1(\eta_i)}\sum_{i=1}^{m-2}\alpha_iH(\eta_i,\ s)$$

$G^*(s)=H(s,\ s)+\dfrac{\|\varphi_1\|}{1-\sum_{i=1}^{m-2}\alpha_i\varphi_1(\eta_i)}\sum_{i=1}^{m-2}\alpha_iH(\eta_i,\ s)$，$G_0(t)=$

$\frac{\varphi_1^{\triangle}(\rho(0))}{\|\varphi_1\| |\varphi_2| \|}H(t, t)$。

引理 5.9 假设（C1）-（C4）成立。则式（5-12）的解满足 $u(t) \geqslant G_0(t) \|u\|$。

由引理 5.4 和引理 5.5 很容易证得引理 5.6 至引理 5.9 的结论。

为了构造和证明，我们将考虑定义在标准范数 $\|u\| = \max_{\rho(0) \leqslant t \leqslant \sigma(1)} |u(t)|$，$u \in E$ 下的巴拿赫空间 $E=C[\rho(0), \sigma(1)]$。我们定义一个锥 K：

$$K=\{u \in X \mid u(t) \geqslant G_0(t) \|u\|, t \in [\rho(0), \sigma(1)]\}$$

由引理 5.7 和引理 5.8，我们定义积分算子 T：$K \to E$

$$Tu(t)=\int_{\rho(0)}^{\sigma(1)} G(t, s)p(s)q(s)f(s, u(s)) \nabla s + \sum_{k=1}^{n} G(t, t_k) I_k(u(t_k)) \tag{5-18}$$

那么，显而易见的式（5-12）的解就是算子 T 的不动点。从而由引理 5.7 标准的讨论，得到 $T(K) \subset K$ 和 T 是完全连续的。

现在对我们后面的分析中起到了主要作用的内容做一个回顾。

令 P 是巴拿赫空间 E 上的锥，并且 $e \in P$，$\|e\| \leqslant 1$，$e \neq \theta$。定义 $Q_e=\{x \in P \mid x \neq \theta$，存在常数 m，$M>0$ 使得 $me \leqslant x \leqslant Me\}$。

定义 5.1 假设 S：$Q_e \times Q_e \to Q_e$。如果 $S(x, y)$ 在 x 上是非降的并且在 y 上是非升的，也就是说，如果对于任给的 $y \in Q_e$，$x_1 \leqslant x_2$ $(x_1, x_2 \in Q_e)$ 蕴含着 $S(x_1, y) \leqslant S(x_2, y)$ 以及对于任给的 $x \in Q_e \cdot y_1 \leqslant y_2$ $(y_1, y_2 \in Q_e)$ 蕴含着 $S(x, y_1) \geqslant S(x, y_2)$，则称 S 为定义在锥 Q_e 上的混合单调算子。如果 $S(x^*, x^*)=x^*$，就称 $x^* \in Q_e$ 为 S 的不动点。

定理 5.2[101][102] 假设 S：$Q_e \times Q_e \to Q_e$ 是一个混合单调算子并且存在一个常数 α，$0 \leqslant \alpha < 1$ 使得

$$S\left(tx, \frac{1}{t}y\right) \geqslant t^{\alpha}S(x, y), \quad \forall x, y \in Q_e, \quad 0<t<1 \tag{5-19}$$

则 S 有唯一的不动点 $x^* \in Q_e$。此外，对于任给的 $(x_0, y_0) \in Q_e \times Q_e$，

$$x_n = S(x_{n-1}, y_{n-1}), \quad y_n = S(y_{n-1}, x_{n-1}), \quad n=1, 2, \cdots$$

满足

$$x_n \to x^*, \quad y_n \to x^*$$

其中

$$\| x_n - x^* \| = o(1-r^{\alpha^n}), \quad \| y_n - x^* \| = o(1-r^{\alpha^n})$$

$0<r<1$，r 是 (x_0, y_0) 中的常数。

定理5.3[103]　令 X 是一个巴拿赫空间，令 $P \subset X$ 是 X 中的锥。假设 Ω_1，Ω_2 是 X 的开子集并有 $0 \in \Omega_1 \subset \overline{\Omega}_1 \subset \Omega_2$，再令 S：$P \to P$ 是一个完全连续算子使得

$$\| Sw \| \leqslant \| w \|, \ w \in P \cap \partial \Omega_1, \quad \| Sw \| \geqslant \| w \|, \ w \in P \cap \partial \Omega_2,$$

或者 $\| Sw \| \geqslant \| w \|$，$w \in P \cap \partial \Omega_1$，$\| Sw \| \leqslant \| w \| \ w \in P \cap \partial \Omega_2$。

则 S 在 $P \cap \overline{\Omega}_2 \setminus \Omega_1$ 中有一个不动点。

利用定理5.2，我们建立以下主要结果。

定理5.4　假设条件（C1）-（C4）成立，并且

（C5）$f(t, u) = h_0(u) + g_0(u)$，$I_k(u) = h_k(u) + g_k(u)$（$k=0, 1, 2, \cdots, n$）

其中

g_k：$(0, +\infty) \to (0, +\infty)$ 是连续非增的；

h_k：$[0, +\infty) \to [0, +\infty)$ 是连续非减的，这里 $k=0, 1, 2, \cdots, m$。

（C6）对任意 $t \in (0, 1)$，以及 $x>0$，$k=0, 1, 2, \cdots, n$，存在 $\alpha \in (0, 1)$ 使得

$$g_k(t^{-1}x) \geqslant t^{\alpha} g_k(x) \tag{5-20}$$

$$h_k(tx) \geqslant t^\alpha h_k(x) \tag{5-21}$$

成立。

（C7）$q \in C((0, 1), (0, \infty))$ 满足

$$\int_0^1 C(s)\varphi_1^{-\alpha}(s)p(s)q(s)ds < +\infty \tag{5-22}$$

则式（5-12）有唯一的正解 $u^*(t)$。

证明：因为式（5-20）成立，令 $t^{-1}x = y$，则有 $g_k(y) \geqslant t^\alpha g_k(ty)$。

从而

$$g_k(ty) \leqslant \frac{1}{t^\alpha}g_k(y),\ t \in (0, 1),\ y>0 \tag{5-23}$$

令 $y=1$，上述不等式变成

$$g_k(t) \leqslant \frac{1}{t^\alpha}g_k(1),\ t \in (0, 1) \tag{5-24}$$

由式（5-20），式（5-23）以及式（5-24），有

$$g_k(t^{-1}x) \geqslant t^\alpha g_k(x),\ g_k\left(\frac{1}{t}\right) \geqslant t^\alpha g_k(1),\ g_k(tx) \leqslant \frac{1}{t^\alpha}g_k(x)$$

$$g_k(t) \leqslant \frac{1}{t^\alpha}g_k(1),\ t \in (0, 1) \tag{5-25}$$

由式（5-21）可得

$$h_k(tx) \geqslant t^\alpha h_k(x),\ h_k(t) \geqslant t^\alpha h_k(1),\ t \in (0, 1),\ x > 0,\ k = 0, 1, \cdots, m \tag{5-26}$$

令 $t=\frac{1}{x}$，$x>1$，则有

$$h_k(x) \leqslant x^\alpha h_k(1),\ x \geqslant 1,\ k=0, 1, \cdots, m \tag{5-27}$$

令 $e(t) = \frac{\varphi_1(t)}{\|\varphi_1\|}$，显然 $\|e\| \leqslant 1$。我们定义

$$Q_e=\left\{x\in C[0,1] \mid \frac{1}{M}e(t)\leqslant x(t)\leqslant Me(t),\ t\in[0,1]\right\} \tag{5-28}$$

这里 $M>1$ 满足

$$M>\max\left\{\left[\int_{\rho(0)}^{\sigma(1)}\|\varphi_1\|C(s)p(s)q(s)(h_0(1)+e^{-\alpha}(s)g_0(1))\nabla s+\sum_{k=1}^{n}\|\varphi_1\|C(t_k)(h_k(1)+e^{-\alpha}(t_k)g_k(1))\right]^{\frac{1}{1-\alpha}}\right.$$

$$\left.\left[\frac{\|\varphi_1\|}{1-\sum_{i=1}^{m-2}\alpha_i\varphi_1(\eta_i)}\sum_{i=1}^{m-2}\alpha_i\int_{\rho(0)}^{\sigma(1)}G(\eta_i,s)p(s)q(s)(e^{\alpha}(s)h_0(1)+g_0(1))\nabla s\right]^{-\frac{1}{1-\alpha}}\right\}$$

对任给的 x，$y\in Q_e$，我们定义

$$T(x,y)(t)=\int_{\rho(0)}^{\sigma(1)}G(t,s)p(s)q(s)(h_0(x(s))+g_0(y(s)))\nabla s+\sum_{k=1}^{n}G(t,t_k)(h_k(x(t_k))+g_k(x(t_k)))$$

令 x，$y\in Q_e$，首先由式（5-25），式（5-26）以及式（5-27），对于 $k=0$，1，2，…，m，我们有

$$g_k(y(t))\leqslant g_k\left(\frac{1}{M}e(t)\right)\leqslant M^{\alpha}e^{-\alpha}(t)g_k(l)$$

$$h_k(x(t))\leqslant h_k(Me(t))\leqslant h_k(M)\leqslant M^{\alpha}h_k(l)$$

以及

$$g_k(y(t))\geqslant g_k(Me(t))\geqslant g_k(M)\geqslant g_k\left(\frac{1}{\frac{1}{M}}\right)\geqslant\frac{1}{M^{\alpha}}g_k(l)$$

$$h_k(x(t))\geqslant h_k\left(\frac{1}{M}e(t)\right)\geqslant e^{\alpha}(t)h_k\left(\frac{1}{M}\right)\geqslant e^{\alpha}(t)\frac{1}{M^{\alpha}}h_k(l)$$

则 $\frac{1}{M^{\alpha}}(e^{\alpha}(t)h_k(l)+g_k(l))\leqslant h_k(x(t))+g_k(y(t))\leqslant M^{\alpha}(h_k(l)+$

$e^{-\alpha}(t)g_k(l))$，$t\in(0,1)$。

因而，对任给的 x，$y\in Q_e$，我们有

$$T(x,y)(t)\geqslant e(t)\frac{\|\varphi_1\|}{1-\sum_{i=1}^{m-2}\alpha_i\varphi_1(\eta_i)}\sum_{i=1}^{m-2}\alpha_i$$

$$\int_{\rho(0)}^{\sigma(1)}G(\eta_i,s)p(s)q(s)(h_0(x(s))+g_0(y(s)))\nabla s\geqslant$$

$$e(t)\frac{\|\varphi_1\|}{1-\sum_{i=1}^{m-2}\alpha_i\varphi_1(\eta_i)}\sum_{i=1}^{m-2}\alpha_i\int_{\rho(0)}^{\sigma(1)}G(\eta_i,s)p(s)q(s)$$

$$\frac{1}{M^{\alpha}}(e^{\alpha}(s)h_0(1)+g_0(1))\nabla s\geqslant$$

$$\frac{1}{M^{\alpha}}e(t)\frac{\|\varphi_1\|}{1-\sum_{i=1}^{m-2}\alpha_i\varphi_1(\eta_i)}\sum_{i=1}^{m-2}\alpha_i$$

$$\int_{\rho(0)}^{\sigma(1)}G(\eta_i,s)p(s)q(s)(e^{\alpha}(s)h_0(1)+g_0(1))\nabla s\geqslant$$

$$\frac{1}{M}e(t)$$

以及

$$T(x,y)(t)\leqslant e(t)\left[\begin{array}{l}\int_{\rho(0)}^{\sigma(1)}\|\varphi_1\|C(s)p(s)q(s)(h_0(x(s))+g_0(x(s))) \\ \nabla s+\sum_{k=1}^{n}\|\varphi_1\|C(t_k)(h_k(x(t_k))+g_k(x(t_k))\end{array}\right]$$

$$\leqslant e(t)\left[\begin{array}{l}\int_{\rho(0)}^{\sigma(1)}\|\varphi_1\|C(s)p(s)q(s)M^{\alpha}(h_0(1)+ \\ e^{-\alpha}(s)g_0(1))\mathrm{d}s+\sum_{k=1}^{n}\|\varphi_1\|C(t_k)M^{\alpha}(h_k(1)+ \\ e^{-\alpha}(t_k)g_k(1))\end{array}\right]$$

$$\leqslant M^{\alpha}e(t)\left[\int_{\rho(0)}^{\sigma(1)}\|\varphi_1\|C(s)p(s)q(s)(h_0(1)+e^{-\alpha}(s)g_0(1))\nabla s+\sum_{k=1}^{n}\|\varphi_1\|C(t_k)(h_k(1)+e^{-\alpha}(t_k)g_k(1))\right]$$

$$\leqslant Me(t),\ t\in[0,1]$$

由此，我们就精确地定义了 T 并且 $T(Q_e\times Q_e)\subset Q_e$。

其次，对于任给的 $l\in(0,1)$，有

$$T(lx,l^{-1}y)(t)=\int_{\rho(0)}^{\sigma(1)}G(t,s)p(s)q(s)(h_0(lx(s))+g_0(l^{-1}y(s)))\nabla s+\sum_{k=1}^{n}G(t,t_k)(h_k(lx(t_k))+g_k(l^{-1}y(t_k)))$$

$$\geqslant\int_{\rho(0)}^{\sigma(1)}G(t,s)p(s)q(s)(l^{\alpha}h_0(x(s))+l^{\alpha}g_0(y(s)))\nabla s+\sum_{k=1}^{n}G(t,t_k)(l^{\alpha}h_k(x(t_k))+l^{\alpha}g_k(y(t_k)))$$

$$\geqslant l^{\alpha}\left\{\int_{\rho(0)}^{\sigma(1)}G(t,s)p(s)q(s)(h_0(x(s))+g_0(y(s)))\nabla s+\sum_{k=1}^{n}G(t,t_k)(h_k(x(t_k))+g_k(y(t_k)))\right.$$

$$=l^{\alpha}T(x,y)(t),\ t\in[0,1]$$

所以定理 5.2 的条件满足。因此存在一个正解 $u^*\in Q_e$ 使得 $T(u^*,u^*)=u^*$，进而定理 5.4 得证。

例 5.1 考虑下面奇异的边值问题：

$$\begin{cases}u^{\Delta\nabla}(t)+a(t)u^{\Delta}(t)+b(t)u(t)+(\mu x^{\alpha}+x^{-\beta})=0,\ t\in(0,1),\ t\neq t_k\\ u^{\Delta}(t_k^{+})=u^{\Delta}(t_k)-a_k(u^{a}(t_k)),\ k=1,2,\cdots,n\\ u(\rho(0))=0,\ u(\sigma(1))=\sum_{i=1}^{m-2}\alpha_i u(\eta_i)\end{cases}\tag{5-29}$$

这里 $\alpha, \beta > 0$，$\max\{\alpha, \beta\} < 1$，$\mu \geq 0$，$0 < \eta_i < \eta_{i+1} < 1$，$\forall i = 1, 2, \cdots, m-2$，$a$ 和 b 满足：$a \in C([0, 1], [0, +\infty))$，$b \in C([0, 1], (-\infty, 0])$。

令 $\alpha_0 = \max\{\alpha, \beta\}$，$h(x) = \mu x^a$，$g(x) = x^{-b}$ 以及 $q(t) = 1$。因此

$h(lx) = \mu l^\alpha x^\alpha \geq l^{\alpha_0} h(x)$，$g(l^{-1}x) = l^\beta x^{-\beta} \geq l^{\alpha_0} g(x)$，$\int_0^1 G^{-\alpha_0}(s, s)\mathrm{d}s < +\infty$

应用定理 5.4，我们得出上述方程有唯一解 $u^*(t)$。

下面，应用定理 5.3 我们建立以下主要结果：

定理 5.5　假设条件（C1）-（C4）成立并且下面的条件满足

$$\begin{cases} f(t, u) \leq g_0(u) + h_0(u),\ I_k(u) \leq g_k(u) + h_k(u)\ \forall (t, u) \in [0, 1] \times (0, \infty) \\ g_i \text{是}（0, \infty）\text{上的连续非增函数} \\ h_i \geq 0 \text{ 在 } [0, \infty) \text{ 上的连续且使得} \dfrac{h_i}{g_i} \text{ 在}（0, \infty）\text{非减} \end{cases} \tag{5-30}$$

$$\exists K_0 \text{ 以及 } g_i(xy) \leq K_0 g_i(x) g_i(y) \quad \forall x > 0,\ y > 0 i = 0, 1, 2, \cdots, n \tag{5-31}$$

$$a_0 = \int_{\rho(0)}^{\sigma(1)} G^*(s)p(s)q(s)g_0(G_0(s))\nabla s + \sum_{k=1}^{n} G^*(t_k)g_k(G_0(t_k)) < \infty \tag{5-32}$$

$$\text{存在} = r > 0 \text{ with } \frac{r}{\max_{0 \leq i \leq n}\{g_i(r) + h_i(r)\}} > K_0 a_0 \tag{5-33}$$

存在 θ，$\rho(0) < \theta < \dfrac{\sigma(1) - \rho(0)}{2}$，以及连续非增的函数 g_i：$(0, \infty) \to (0, \infty)$，和连续函数 $\bar{h}_i$：$[0, \infty) \to (0, \infty)$，

使得$\dfrac{\bar{h}_i}{\bar{g}_i}$在(0, ∞)上的非减，而且满足

$$\begin{cases} f(t,\ u) \geqslant \bar{g}_0(u) + \bar{h}_0(u),\ I_k(u) \geqslant \bar{g}_k(u) + \bar{h}_k(u), \\ \forall (t,\ u) \in [\theta,\ \sigma(1) - \theta] \times (0,\ \infty) \end{cases} \tag{5-34}$$

存在$0<R_1<r<R_2 j=1$，2 均有

$$\begin{cases} \dfrac{R_j}{\min\limits_{0\leqslant i\leqslant n}\left\{\bar{g}_i(R_j)\left[1+\dfrac{\bar{h}_i\left(\dfrac{\varphi_1^{\Delta}(\rho(0))}{\|\varphi_1\|\ \|\varphi_2\|}R_j\varphi_1(\theta)\varphi_2(\sigma(1)-\theta)\right)}{\bar{g}_i\left(\dfrac{\varphi_1^{\Delta}(\rho(0))}{\|\varphi_1\|\ \|\varphi_2\|}R_j\varphi_1(\theta)\varphi_2(\sigma(1)-\theta)\right)}\right]\right\}} < \mu\bar{b}_0 \\ \displaystyle\int_{\theta}^{\sigma(1)-\theta} G(\sigma,\ s)p(s)q(s)\mathrm{d}s + \sum_{k=1}^{n} G(\sigma,\ t_k) \end{cases} \tag{5-35}$$

这里$G(t,\ s)$是格林函数并且

$$\int_{\theta}^{\sigma(1)-\theta} G(\sigma,\ s)p(s)q(s)\mathrm{d}s = \sup_{t\in[0,\ 1]}\int_{\theta}^{\sigma(1)-\theta} G(t,\ s)p(s)q(s)\mathrm{d}s$$

则式（5-12）有两个非负解$u_i(i=1,\ 2)$，其中$R_1<\|u_1\|<r<\|u_2\|<R_2$并且$u_i(t)>0$，$\forall t\in(0,\ 1)$。

证明：首先我们说明对于$t\in(0,\ 1)$和$r<\|u_2\|<R_2$，存在着式（5-12）的一个解u_2，并且$u_2(t)>0$。令

$\Omega_1=\{u\in E:\ \|u\|<r\}$，$\Omega_2=\{u\in E:\ \|u\|<R_2\}$。

我们现在证明

$$\|Tu\| < \|u\|,\ u\in K\cap\partial\Omega_1 \tag{5-36}$$

令 $u\in K\cap\partial\ \Omega_1$，则对于 $t\in[0,1]$，$\|u\|=\|u\|_{[0,1]}=r$ 并且 $u(t)\geqslant G_0(t)r$，则我们有

$$
\begin{aligned}
(Tu)(t) &= \int_{\rho(0)}^{\sigma(1)} G(t,s)p(s)q(s)f(s,u(s))\nabla s + \\
&\sum_{k=1}^{n} G(t,t_k)I_k(u(t_k)) \\
&\leqslant \int_{\rho(0)}^{\sigma(1)} G^*(s)p(s)q(s)(g_0(u(s))+h_0(u(s)))\nabla s + \\
&\sum_{k=1}^{n} G^*(t_k)(g_k(u(s))+h_k(u(s))) \\
&\leqslant K_0\left[\begin{aligned}&\int_{\rho(0)}^{\sigma(1)} G^*(s)p(s)q(s)g_0(G_0(s))\nabla s + \\ &\sum_{k=1}^{n} G^*(t_k)g_k(G_0(t_k))\end{aligned}\right] \\
&\max_{0\leqslant i\leqslant m}\{g_i(r)+h_i(r)\}
\end{aligned}
$$

这和式（5-33）一起就得到了 $\|Tu\|=\|Tu\|_{[0,1]}<r=\|u\|$，所以式（5-36）成立。

下面我们证明

$$
\|Tu\|>\|u\|,\ u\in K\cap\partial\ \Omega_2 \tag{5-37}
$$

因为

$$
\begin{aligned}
\bar{g}_i(u(s))+\bar{h}_i(u(s)=\bar{g}_i(u(s))\left[1+\frac{\bar{h}_i(u(s))}{\bar{g}_i(u(s))}\right] \\
\geqslant \bar{g}_i(R_2)\left[1+\frac{\bar{h}_i(G_0(s)R_2)}{\bar{g}_i(G_0(s)R_2)}\right] \\
\geqslant \bar{g}_i(R_2)\left[1+\frac{\bar{h}_i\left(\dfrac{\varphi_1^{\Delta}(\rho(0))}{\|\varphi_1\|\ \|\varphi_2\|}R_2\varphi_1(\theta)\varphi_2(\sigma(1)-\theta)\right)}{g_i\left(\dfrac{\varphi_1^{\Delta}(\rho(0))}{\|\varphi_1\|\ \|_2/1}R_2\varphi_1(\theta)\varphi_2(\sigma(1)-\theta)\right)}\right]
\end{aligned}
$$

$$s \in [\theta,\sigma(1)-\theta]$$

则

$$(Tu)(\sigma) \geqslant \int_{\rho(0)}^{\sigma(1)} G(\sigma, s)p(s)q(s)[\bar{g}_0(u(s)) + \bar{h}_0(u(s)]\nabla s + \sum_{k=1}^{n} G(\sigma, t_k)[\bar{g}_k(u(t_k)) + \bar{h}_k(u(t_k))]$$

$$\geqslant \left\{\int_{\theta}^{\sigma(1)-\theta} G(\sigma, s)p(s)q(s)\nabla s + \sum_{k=1}^{n} G(\sigma, t_k)\right\} \min_{0\leqslant i\leqslant m} \left\{\bar{g}_i(R_2)\left[1+\frac{\bar{h}_i\left(\frac{\varphi_1^{\Delta}(\rho(0))}{\|\varphi_1\|\|\varphi_2\|}R_2\varphi_1(\theta)\varphi_2(\sigma(1)-\theta)\right)}{\bar{g}_i\left(\frac{\varphi_1^{\Delta}(\rho(0))}{\|\varphi_1\|\|\varphi_2\|}R_2\varphi_1(\theta)\varphi_2(\sigma(1)-\theta)\right)}\right]\right\}$$

这和式（5-35）一起得到

$$(Tu)(\sigma) > R_2 = \|u\|$$

因此 $\|Tu\| > \|u\|$，所以式（5-37）成立。

现在定理 5.3 蕴含着 T 有一个不动点 $u_2 \in K\cap(\overline{\Omega}_2 \setminus \Omega_1)$，也就是对于 $t\in[0, 1]$，$r\leqslant\|u_2\| = \|u_2\|_{[0,1]} \leqslant R$ 并且 $u_2(t) \geqslant q(t)r$，它是由式（5-36）和式（5-37）得到的，并且，$\|u_2\| \neq r$，$\|u_2\| \neq R_2$，因此我们有 $r<\|u_2\|<R_2$。

同样的，如果我们令

$\Omega_1=\{u\in E:\ \|u\|<R_1\}$，$\Omega_2=\{u\in E:\ \|u\|<r\}$

我们能说明式（5-12）存在唯一的正解，u_1 这里 $t\in(0, 1)$，$R_1<\|u_1\|<r$，$u_1(t)>0$，这就完成了定理 5.5 的证明。

类似于定理 5.5 的证明，我们有如下结论。

定理 5.6　假设条件（C1）-（C4）以及式（5-30）-式（5-34）均成立。另外假设

$$\begin{cases} 存在\ 0 < R_1 < r \\ \dfrac{R_1}{\min_{0\leqslant i\leqslant n}\{\bar{g}_i(R_1)\left[1+\dfrac{\bar{h}_i\left(\dfrac{\varphi_1^{\Delta}(\rho(0))}{\|\varphi_1\|\ \|\varphi_2\|}R_1\varphi_1(\theta)\varphi_2(\sigma(1)-\theta)\right)}{\bar{g}_i\left(\dfrac{\varphi_1^{\Delta}(\rho(0))}{\|\varphi_1\|\ \|\varphi_2\|}R_1\varphi_1(\theta)\varphi_2(\sigma(1)-\theta)\right)}\right]} < \mu\bar{b}_0 \\ \bar{b}_0 = \int_{\theta}^{\sigma(1)-\theta} G(\sigma,\ s)p(s)q(s)\nabla s + \sum_{k=1}^{n} G(\sigma,\ t_k) \end{cases}$$

（5-38）

则式（5-12）有一个非负解 u_1 满足对 $t\in$（0，1），$R_1<\|u_1\|<r$ 且 u_1（t）>0。

注：如果在式（5-38）里我们有 $R_1>r$，则式（5-12）有一个非负解 u_2 满足对于 $t\in$（0，1），$r<u_2<R_2$ 且 $u_2(t)>0$。这很容易利用定理 5.5 来阐述式（5-12）的多于两个解的存在性定理。

定理 5.7　假设条件（C1）-（C4）、式（5-22）-式（5-24）和式（5-26）均成立。假设存在 $m\in$ {1，2，…} 以及常数 R_j，r_j（$j=1$，…，m），满足$r_1>b_0$，和 $0<R_1<r_1<R_2<r_2<\cdots<R_m<r_m$。

此外假定对于每一个 $j=1$，…，m

$$\frac{r_j}{\max_{0\leqslant i\leqslant n}\{g_j(r_j)+h_j(r_j)\}} > K_0^2 a_0 \qquad (5\text{-}39)$$

和

$$
\begin{cases}
\dfrac{R_j}{\min_{0\leqslant i\leqslant n}\left\{\bar{g}_i(R_j)\left[1+\dfrac{\bar{h}_i\left(\dfrac{\varphi_1^{\Delta}(\rho(0))}{\varphi_1\varphi_2}R_j\varphi_1(\theta)\varphi_2(\sigma(1)-\theta)\right)}{\bar{g}_i\left(\dfrac{\varphi_1^{\Delta}(\rho(0))}{\varphi_1\varphi_2}R_j\varphi_1(\theta)\varphi_2(\sigma(1)-\theta)\right)}\right]\right\}}<\mu\bar{b}_0, \\
\bar{b}_0=\int_{\theta}^{\sigma(1)-\theta}G(\sigma,\ s)p(s)q(s)\nabla s+\sum_{n}^{k=1}G(\sigma,\ t_k)
\end{cases}
\tag{5-40}
$$

均成立则式（5-11）有非负解 y_1，…，y_m，并且对 $t\in$（0，1），有 y_j（t）>0。

例 5.2 考虑边值问题

$$
\begin{cases}
u^{\Delta\nabla}(t)+a(t)u^{\Delta}(t)+b(t)u(t)+\mu_0\begin{pmatrix}u^{-\alpha_0}(t)(1+|\sin t|)\\+u^{\beta_0}(t)(1+|\cos t|)\end{pmatrix}=0, \\
\qquad t\in(0,\ 1),\ t\neq t_k \\
u^{\Delta}(t_k^+)=u^{\Delta}(t_k)-\mu_k(u^{-\beta k}(t_k)+u^{\beta k}(t_k)),\ k=1,\ 2,\ \cdots,\ n \\
u(\rho(0))=0,\ u(\sigma(1))=\sum_{m-2}^{i=1}\alpha_i u(\eta_i)
\end{cases}
\tag{5-41}
$$

其中 $0<\alpha_i<1<\beta_i$（$i=0$，1，2，…，n），并且 $\max\limits_{0\leqslant i\leqslant n}\{\mu_i\}\in$（0，$\mu$）使得 $\mu\leqslant\dfrac{1}{4a_1}$，其中

$$
a_1=\int_{\rho(0)}^{\sigma(1)}G^*(s)p(s)g_0(G_0(s))\nabla s+\sum_{k=1}^{n}G^*(t_k)g_k(G_0(t_k))<\infty
\tag{5-42}
$$

则式（5-41）有两个解 u_1，u_2 满足对 $t\in$（0，1），有 u_1（t）>0，u_2（t）>0。

为应用定理 5.5，即

$g_i(u)=\frac{1}{2}\bar{g}_i(u)=2u^{-\alpha_i}$，$h_i(u)=\frac{1}{2}\bar{h}_i(u)=2u^{\beta_i}$，$i=0, 1, 2, \cdots, n$，

$$\theta=\frac{3p(0)+\sigma(1)}{4},\ q(t)=\mu_0,\ K_0=1。$$

显然式（5-30）~式（5-34）以及式（5-34）均成立，并且

$$a_0=\mu_0\int_{\rho(0)}^{\sigma(1)}G^*(s)p(s)g_0(G(s, s))\nabla s+\sum_{k=1}^{n}\mu_kG^*(t_k)g_k(G_0(t_k))<\infty,$$

现在当 $r=1$ 时，

$$\frac{r}{\max_{0\leqslant i\leqslant n}\{g_i(r)+h_i(r)\}}=\frac{1}{4}\geqslant\mu a_1>K_0^2a_0,$$

则式（5-33）成立。最后，令

$$\bar{g}_{i*}(R_j)\left[1+\frac{\bar{h}_{i*}\left(\frac{\varphi_1^{\Delta}(\rho(0))}{\|\varphi_1\|\ \|\varphi_2\|}R_j\varphi_1(\theta)\varphi_2(\sigma(1)-\theta)\right)}{\bar{g}_{i*}\left(\frac{\varphi_1^{\Delta}(\rho(0))}{\|\varphi_1\|\ \|\varphi_2\|}R_j\varphi_1(\theta)\varphi_2(\sigma(1)-\theta)\right)}\right]=$$

$$\min_{0\leqslant i\leqslant n}\left\{\bar{g}_i(R_j)\left[1+\frac{\bar{h}_{i*}\left(\frac{\varphi_1^{\Delta}(\rho(0))}{\|\varphi_1\|\ \|\varphi_2\|}R_j\varphi_1(\theta)\varphi_2(\sigma(1)-\theta)\right)}{\bar{g}_i\left(\frac{\varphi_1^{\Delta}(\rho(0))}{\|\varphi_1\|\ \|\varphi_2\|}R_j\varphi_1(\theta)\varphi_2(\sigma(1)-\theta)\right)}\right]\right\}$$

并且注意到式（5-35）满足 R_1 很小并且 R_2 很大的条件。又因为当 $R_1\to0$，$R_2\to\infty$ 时

$$\frac{R_j}{\min_{0\leqslant i\leqslant n}\left\{\bar{g}_i(R_j)\left[1+\frac{\bar{h}_{i*}\left(\frac{\varphi_1^{\Delta}(\rho(0))}{\|\varphi_1\|\ \|\varphi_2\|}R_j\varphi_1(\theta)\varphi_2(\sigma(1)-\theta)\right)}{\bar{g}_i\left(\frac{\varphi_1^{\Delta}(\rho(0))}{\|\varphi_1\|\ \|\varphi_2\|}R_j\varphi_1(\theta)\varphi_2(\sigma(1)-\theta)\right)}\right]\right\}}\leqslant$$

$$\frac{R_j^{1+a_{i*}}}{1+\dfrac{\bar{h}_{i*}\left(\dfrac{\varphi_1^{\Delta}(\rho(0))}{\|\varphi_1\|\ \|\varphi_2\|}R_j\varphi_1(\theta)\varphi_2(\sigma(1)-\theta)\right)}{\bar{g}_{i*}\left(\dfrac{\varphi_1^{\Delta}(\rho(0))}{\|\varphi_1\|\ \|\varphi_2\|}R_j\varphi_1(\theta)\varphi_2(\sigma(1)-\theta)\right)}}\rightarrow 0,$$

这是因为 $b>1$，因此定理 5.5 的所有条件均满足，进而保证了解的存在性。

5.5 本章小结

两个食饵的趋化的出现会使三种群捕食—食饵扩散系统具有更为丰富的动力学行为，本章研究的系统（5-1）确实如此，见图 5-1～图 5-4，对于一般形式的 Ronsenzwing- Mac Arthur 三种群扩散系统，我们主要考虑了系统从常数稳态解处分歧出的全局非常数稳态解的存在性，我们将在以后的研究中继续考虑食饵趋化在其他动力学方面的影响。我们对古典的 Ronsenzwing- Macarthur 捕食—食饵模型进行了全局分歧的研究，我们的工具是抽象的全局的分歧理论。此外，利用锥上的混合单调不动点定理，我们得到了二阶带时标的非线性奇异动力方程 m 点边值问题的正解存在性和唯一性。

第6章

具有趋化性的反应扩散系统：解的全局存在性、有界性和爆破性

6.1 带有趋化的反应扩散模型及结果

我们的模型有以下形式：

$$\begin{cases} U_t = D_1 \Delta U + g\ (U,\ V), & x \in \Omega,\ t>0 \\ V_t = D_2 \Delta V + h\ (U,\ V)\ - CT\ (U,\ V), & x \in \Omega,\ t>0 \\ \dfrac{\partial\ U}{\partial\ n} = 0 = \dfrac{\partial\ V}{\partial\ n}, & x \in \partial\ \Omega,\ t>0 \\ U\ (x,\ 0)\ = U_0\ (x)\ \geqslant 0,\ V\ (x,\ 0)\ = V_0\ (x)\ \geqslant 0, & x \in \Omega \end{cases} \tag{6-1}$$

这在 $U=\ (u_1,\ \cdots,\ u_m)$（resp.，$V=\ (v_1,\ v_2,\ \cdots,\ v_n)$）分别是 m 种猎物的密度；Ω 是 $\mathbb{R}^N$（$n\geqslant 1$）是有光滑边界 $\partial\ \Omega$ 的有界区域；n 是单位外法线，没有施加通量边界条件（齐次诺伊曼边界条件）。扩散矩阵

$$D_1 = \mathrm{diag}(d_1,\ \cdots,\ d_m),\ D_2 = \mathrm{diag}(d'_1,\ \cdots,\ d'_n) \tag{6-2}$$

假定都是严格正的，即对于所有的 i，j，$d_i>0$，$d'_j>0$。最终，趋化项 $CT\ (U,\ V)$ 有以下形式：

$$CT\ (U,\ V)_i:\ = \nabla(\sum_{j=1}^{m} q_{ij}(U,\ V)\nabla u_j)\quad (i=1,\ \cdots,\ n) \tag{6-3}$$

从生物学上，假设捕食者 V 受到猎物 U 的吸引/排斥，以至于它们的移动方向与猎物种群的负/正梯度（$q_{ij}>0$ 或 $q_{ij}<0$）成正比，这种移动也取决于捕食者的密度。我们模拟这种趋化作用的条件由趋化项 $-CT\ (U,\ V)$ 给出，参考文献［9，8，10］。值得一提的是，我们并不假定每个函数 q_{ij}

(U, V) 应该只保留一个符号。事实上，它们可以根据一些现实的规则改变它们的符号，例如，如果猎物/捕食者的密度已经超过一定的水平，它们就可以改变它们的符号。我们假定以下条件（H1）－（H3）成立：

（H1）以下两个映射 g：$\mathbb{R}_+^m \times \mathbb{R}_+^n \to \mathbb{R}_+^m$ 及 h：$\mathbb{R}_+^m \times \mathbb{R}_+^n \to \mathbb{R}_+^n$，并且满足

$$\begin{aligned} & g(U, V)_i \geqslant 0 \quad \forall U, V \geqslant 0 \quad \text{其中} \quad u_i = 0 (i = 1, \cdots, m) \\ & h(U, V)_j \geqslant 0 \quad \forall U, V \geqslant 0 \quad \text{其中} \quad v_j = 0 (j = 1, \cdots, n) \end{aligned} \tag{6-4}$$

除此之外，存在一个严格正的常数向量 $K_0 \in \mathbb{R}_+^m$，$K_0 > 0$，并有以下特性：对于所有的 $(U, V) \in \mathbb{R}_+^m \times \mathbb{R}_+^n$：

$$g(U, V)_i \leqslant 0 \quad u_i \geqslant (K_0)_i \quad (i = 1, \cdots, m) \tag{6-5}$$

（H2）每一个 q_{ij}：$\mathbb{R}_+^m \times \mathbb{R}_+^n \to \mathbb{R}$ 是一个 C^1 方程并且满足：对于所有的 $0 \leqslant U \in \mathbb{R}_+^m$，$q_{ij}(U, 0) = 0$，并存在一个正常数 $C_q > 0$ 和一个非负常数 $\{\alpha_i, 1 \leqslant i \leqslant n\}$ 使得 $\forall (U, V) \in \mathbb{R}_+^m \times \mathbb{R}_+^n (i = 1, \cdots, n)$，有

$$\sum_{j=1}^{m} |q_{ij}(U, V)| \leqslant C_q(1 + v_i^{\alpha_i}) \tag{6-6}$$

此外，还存在非负常数 $\{\beta_i, 1 \leqslant i \leqslant n\}$ 和一个连续正函数 P_0：$\mathbb{R}_+^m \to \mathbb{R}_+$，使得

$$\sum_{i=1}^{m} |g(U, V)_i| \leqslant P_0(U) \times \left(1 + \sum_{j=1}^{n} v_j^{\beta_j}\right), \ \forall (U, V) \in \mathbb{R}_+^m \times \mathbb{R}_+^n \tag{6-7}$$

（H3）存在常数 $\{\gamma_i, i = 1, \cdots, n\}$ 及一个连续正函数 P_1：$\mathbb{R}_+^m \to \mathbb{R}_+$ 使得对于所有的 $(U, V) \geqslant 0$ 和每一个 i，$1 \leqslant i \leqslant n$ 下式成立，

$$\gamma_i \geqslant 1, \ h(U, V)_i \leqslant P_1(U)(1 + v_i^{\gamma_i}) \tag{6-8}$$

请注意，我们只需要第（6-8）中 h 的组成部分作为唯一的控制从上而下的生长，而不需要从下而上的生长控制。概括地说，条件

（H2）-（H3）与捕食者的控制增长有关，而捕食者的控制增长由常数 $\{(\alpha_i, \beta_i, \gamma_i), 1\leqslant i\leqslant n\}$ 给出：

α_i 值控制捕食者的趋化效应。

β_i 值控制捕食者的增长率。

γ_i 控制着捕食者的内在生长。

（4）所有增长都是最大幂型的。

我们将考虑以下条件（H4），它保证了解的 L^{-1} 有界性。

（H4）存在严格正的向量 $B\in\mathbb{R}_+^m\times\mathbb{R}_+^n$ 及正常数 b_1，b_2，$\alpha<1$ 使得

$$\langle B, (g, h)(U, V)\rangle \leqslant b_1+b_1\langle B, (U, V)\rangle^{\alpha}-b_2\langle B, (U, V)\rangle \quad \forall (U, V)\in\mathbb{R}_+^m\times\mathbb{R}_+^n \tag{6-9}$$

等价的，（H4）表示方程 $0\leqslant(U, V)\mapsto\langle B, (g, h)(U, V)\rangle$ 几乎线性增长。

我们的结果主要如下：

定理 6.1　假设（H1）-（H3），令

$$r_c:=N\times\max_{1\leqslant i\leqslant n}\max\{\beta_i+\alpha_i-1, (\gamma_i-1)/2\} \tag{6-10}$$

对于 $p>N$，令 $0\leqslant(U_0, V_0)\in W^{1,p}(\Omega)^{m+n}$，则存在 $T_{\max}>0$（最大存在时间）使得（6-11）有唯一的非负经典解 (U, V) 满足

$$0\leqslant U\in G^m,\ 0\leqslant V\in G^n;\quad G:=C([0, T_{\max}); W^{1,p}(\Omega))\cap C^{2,1}(\overline{\Omega}\times(0, T_{\max}))$$ 并对每一个 i，$1\leqslant i\leqslant m$，(6-11)

$$0\leqslant U(t)_i\leqslant\max\{(K_0)_i, \|U_{i0}\|_\infty\}\quad\forall 0\leqslant t<T_{\max}。 \tag{6-12}$$

而且，我们有以下结论：

(i)（全局存在性及有界性）假定存在 $r>r_c$，使得如果下式成立

$$L(T):=\sup_{0\leqslant t\leqslant T}\|V(t)\|_r<\infty\quad\forall T<T_{\max}。 \tag{6-13}$$

则 $T_{\max}=\infty$，并且

$$\sup_{0\leq t\leq T}(\|U(t)\|_{1,\infty}+\|V(t)\|_{\infty})<\infty \quad \forall T<\infty \tag{6-14}$$

而且，如果 $L(T)$，而且，如果 $L(T)$ 对于 $T>0$ 是一致有界的，则

$$\limsup_{t\to\infty}(\|U(t)\|_{1,\infty}+\|V(t)\|_{\infty})<\infty \tag{6-15}$$

(ii)（L^{-1}-有界性及全局存在性）假定（H4），如果 $r_c<1$，则 $T_{\max}=\infty$ 并且（6-14）成立。而且，$b_2>0$ 或者 $b_1=0$，则（6-15）是有效的。

注：我们在定理 1.1 中的结果涵盖了大部分已知结果，参考文献［10］、［11］。证明了对于 $r>r_c$，（6-1）解的有限时间爆破等价于解的 L^r-范数爆破。当然，避免爆炸的最弱规范条件是 L^1-有界性。条件（H4）给出了这样一个简单的条件，保证了解的 L^1-有界性。（6-1）式解的渐近行为仍然未知。我们希望将来能解决这个问题。

在文献［10］、［11］中，我们应用定理 1.1 改进了已有的关于简单趋化捕食—食饵系统的结果。我们将证明（6-1）式在（H1）-（H3）条件下的整体非负解的存在性和有界性，并且证明了（6-1）在（H1）-（H3）条件下的整体非负解的自助法。我们的估计是微妙的，并且基于第 3 章中给出的一个不等式，这本身就很有趣。值得一提的是，我们不需要密度函数 q_{ij} 的有界性。这一点对于实际应用当然是有用的。

6.2 一个简单趋化捕食系统的应用

我们考虑以下模型：

$$\begin{cases} u_t = d_1 \Delta u + g(u,v), & x \in \Omega, t>0 \\ v_t = d_2 \Delta v + h(u,v) - \nabla(\rho(u) q(v) \nabla u), & x \in \Omega, t>0 \\ \dfrac{\partial u}{\partial n} = 0 = \dfrac{\partial v}{\partial n}, & x \in \partial\Omega, t>0 \\ u(x,0) = u_0(x) \geqslant 0, v(x,0) = v_0(x) \geqslant 0, & x \in \Omega \end{cases} \tag{6-16}$$

其中食饵和捕食者的密度分别由 u 和 v 给出。与前面一样，Ω 是 $\mathbb{R}^N$（$N \geqslant 1$）里一个光滑边界 $\partial\Omega$ 的有界区域，n 是单位外法线，c 是正常数。此外，由 $-\nabla(q(v)\nabla u)$ 给出的食饵趋向效应的存在，使得捕食者具有向食饵梯度增加方向移动的趋势。

我们假设所有的函数 g，h 和 ρ 都是连续可微的，并且存在正常数 c_g，c_q，α，β，γ 和连续函数 ρ_0：$\mathbb{R}_+ \to \mathbb{R}_+$ 使得

$$g(u,0) \geqslant 0,\ h(0,v) \geqslant 0,\ |q(v)| \leqslant c_q(1+v^{\alpha}) \tag{6-17}$$

$$|g(u,v)| \leqslant \rho_0(u)(1+v^{\beta}),\ h(u,v) \leqslant \rho_0(u)(1+v^{\gamma}) \tag{6-18}$$

对于所有的 u，$v \geqslant 0$，及

$$g(u,v) \leqslant 0 \quad \forall u \geqslant c_g,\ v \geqslant 0 \tag{6-19}$$

在条件（6-17）-（6-19）下，我们发现第1章中的假设（H2）-（H3）满足下面选择：

$$m = 1 = n,\ \alpha_1 = \alpha,\ \beta_1 = \beta,\ \gamma_1 = \gamma$$

相应的指数 r_c 是由下式给出的：

$$r_c := N \times \max\{\alpha + \beta - 1,\ (\gamma - 1)/2\} \tag{6-20}$$

因此，定理1.1的应用证明了如果对于 $r > r_c$ 某个 c 的范数 $\|v(t)\|_r$ 在有限时间内不爆破，(6-16) 的解 (u, v) 是全局存在的。

(6-16) 的一个特例是下面的系统：

$$\begin{cases} u_t = d_1 \Delta u + f_1(u) - \varphi_1(u,v), & x \in \Omega, t > 0 \\ v_t = d_2 \Delta v + f_2(v) + \varphi_2(u,v) - \nabla(\rho(u) q(v) \nabla u), & x \in \Omega, t > 0 \\ \dfrac{\partial u}{\partial n} = 0 = \dfrac{\partial v}{\partial n}, & x \in \partial\Omega, t > 0 \\ u(x,0) = u_0(x) \geqslant 0, v(x,0) = v_0(x) \geqslant 0, & x \in \Omega \end{cases} \tag{6-21}$$

（6－16）中与 g 和 h 的选择相应的：

$$g(u, v) = f_1(u) - \varphi_1(u, v), \ h(u, v) = f_2(v) + \varphi_2(u, v) \tag{6-22}$$

这里，$\varphi(u, v)$ 表示猎物向捕食者移动的速度，我们假设所有的函数$\{f_1, f_2, \rho, q\}$在 $\mathbb{R}_+$ 上都是连续可微的。此外，还存在正常数 c_1，c_2，c_q使得

$$f_1(u) \leqslant 0, \ \forall u \geqslant c_1, \ f_2(v) \leqslant 0, \ \forall v \geqslant c_2 \tag{6-23}$$

$$| q(v) | \leqslant c_q(1 + v^{\alpha}), \ \forall v \geqslant 0 \tag{6-24}$$

我们假定两个函数φ，φ_2 在 $\mathbb{R}_+ \times \mathbb{R}_+$ 上都是连续可微的并且存在常数 $\gamma > 0$，$0 < \delta < 1$，c 及非负常数 b_1，b_2，并且有一个连续的正函数 ρ_0使得

$$\varphi_1(0, v) = 0 \leqslant \varphi_1(u, v) \leqslant \rho_0(u)(1 + v^{\gamma}), \ \forall u, v \geqslant 0 \tag{6-25}$$

$$0 \leqslant \varphi_2(u, v) \leqslant c\varphi_1(u, v) + b_1(1 + u + v)^{\delta} - b_2(u + v), \ \forall u, v \geqslant 0 \tag{6-26}$$

在（6－23）－（6－25）下，我们得到条件在满足选择 $\beta = \gamma$ 时，（6－17）－（6－19）都成立。因此，r_c由下式给出：

$$r_c := N \times (\alpha + \gamma - 1) \tag{6-27}$$

令 $B := (1, c)$，我们对于所有的 u，$v \geqslant 0$，有

$$\langle B, (g, h)(u, v)\rangle = [f_1(u) - \varphi_1(u, v)] + c[f_2(v) + \varphi_2(u, v)] \leqslant f_1(u) + cf_2(v) + b_1(1+u+v)^{\delta} - b_2(u+v) \tag{6-28}$$

常规的做法是，由上面条件利用条件(6－23)建立函数f_1和函数f_2都是一致有界的。因此，条件(H4)是满足的，定理1.1是适用的。特别是，如果

$$\alpha + \gamma < 1 + 1/N \tag{6-29}$$

因此$r_c<1$，(6-21)式的所有非负解都是全局存在的。

系统(6-21)是研究食饵趋向性的一个非常普遍的食饵—捕食者模型，许多作者对其进行了研究，见参考文献[11]。特别地，在文献[11]中的结果表明，如果项q足够小，通过比较某些常数和初始值u_0的L^{∞}-范数，(6-21)的解是全局存在的。然而，我们的要求(6-23)～(6-25)和(6-29)只涉及函数的增长条件f_1，f_2，φ以及q，它将被许多已知的模型所满足，详见文献《有界区域上拟线性椭圆形方程组的全局分歧》[11]、《简单特征值分岔》[10]。实际上，解整体存在的关键条件是$\alpha+\gamma<1+1/N$，这在被捕食者—趋食者的增长(由q给出)与被捕食者(由φ_1，φ_2给出)的移动速率之间达到平衡。对于通常的情况，当$\rho\equiv 1$，$q(v)=xv$，我们有$\alpha=1$，因此相应的读数增长限制φ_1为$\gamma<1/N$。这样的条件可以被认为是下面空间Ω的维数N限制了猎物向捕食者的移动，这个要求与实际应用非常吻合[10]。

6.3 一个不等式

我们回顾下面的结果，作为应用经典的 gagliardo-nirenberg 不等式

与 poincare 不等式相结合的结果，参见文献［4］［6］［7］［8］。

引理 6.1 （Gagliardo-Nirenberg 不等式）假定 N 是 Ω 的维数。下式成立

$$\|u\|_p \leqslant C\cdot(\|\nabla u\|_q+\|u\|_r)^{\lambda}\cdot\ \|u\|_r^{1-\lambda}\quad \forall u\in L^p(\Omega)\cap W^{1,q}(\Omega) \tag{6-30}$$

对于所有的 $p>1$，$q\geqslant 1$ 满足 $(p-q)N<pq$ 及所有的 $r\in(0,\ p)$，这里

$$\lambda=\frac{\frac{1}{r}-\frac{1}{p}}{\frac{1}{r}-\frac{1}{q}+\frac{1}{N}}\in(0,\ 1) \tag{6-31}$$

下面的引理，作为上述 gagliardo-nirenberg 不等式的结果，对于我们证明主要结果（定理 1.1）是至关重要的，而且它本身也很有趣。

引理 6.2 对于每一个 $k>1$，及 $(r,\ p)>0$，满足

$$p(1-2/N)<1<2p,\ r<pk \tag{6-32}$$

存在一个常数 there exists a constant $c_1>0$，取决于 k，p 及 Ω，使得

$$\|\nabla u^{k/2}\|_2^2\geqslant c_1\cdot\|u\|_r^{-c_0}\cdot\|u^{pk}\|_1^{\delta}-\|u\|_r^k\ \forall u\in W^{1,2pk}(\Omega),\ u\geqslant 0 \tag{6-33}$$

其中

$$\delta:=(k/r-1+2/N)/(pk/r-1),\ c_0:=(p\delta-1)k \tag{6-34}$$

证明：我们发现在引理 3.1 中数对（$2p$，2）满足条件（2p−2）$N<4p$，并且当 $p(N-2)<N$ 时有 $r/k<p$。因此，我们可以把引理 3.1 应用到三连体（$2p$，2，$2r/k$）上，它对任何 $u\in W^{1,2pk}(\Omega)$，$u\geqslant 0$，

$$\|u^{k/2}\|_{2p}\leqslant C\cdot(\|\nabla u^{k/2}\|_2+\|u^{k/2}\|_{2r/k})^{\lambda}\cdot\|u^{k/2}\|_{2r/k}^{1-\lambda} \tag{6-35}$$

其中

$$\lambda:=(k/r-1/p)/(k/r-1+2/N)\in(0,\ 1) \tag{6-36}$$

等价的

$$\| \nabla u^{k/2} \|_2^2 \geqslant C \cdot \| u \|_r^{k(1-1/\lambda)} \cdot \| u^{pk} \|_1^{\delta} - \| u \|_r^k \qquad (6-37)$$

其中 $\delta := 1/(p\lambda)$ 由（6–34）给出。这样就完成了证明。

6.4 定理的证明

我们开始做更多的准备。

引理 6.3（散度定理和格林第一等式）

（1）（散度定理）对于任意的 $C^1(\overline{\Omega})$ 向量场 w，下式成立

$$\int_{\Omega} \nabla \cdot w \mathrm{d}x = \int_{\partial \Omega} w \cdot n \mathrm{d}x \qquad (6-38)$$

（2）（格林第一等式）令 $u \in W^{1,2}(\Omega)$，$v \in W^{2,2}(\Omega)$。则

$$\int_{\Omega} u \Delta v \mathrm{d}x = -\int_{\Omega} \nabla u \cdot \nabla v \mathrm{d}x + \int_{\partial \Omega} v \frac{\partial u}{\partial n} \mathrm{d}x \qquad (6-39)$$

特别的，如果 $\left.\frac{\partial u}{\partial n}\right|_{\partial \Omega} = 0$，则

$$\int_{\Omega} u \Delta v \mathrm{d}x = -\int_{\Omega} \nabla u \cdot \nabla v \mathrm{d}x \qquad (6-40)$$

（3）令 $u, g \in W^{1,2}(\Omega)$，$v \in W^{2,2}(\Omega)$ 及 $\left.\frac{\partial v}{\partial n}\right|_{\partial\Omega} = 0 = \left.\frac{\partial g}{\partial n}\right|_{\partial\Omega}$，则

$$\int_{\Omega} u \nabla \cdot (g \nabla v) \mathrm{d}x = -\int_{\Omega} g \nabla u \cdot \nabla v \mathrm{d}x \qquad (6-41)$$

证明：格林第一等式是应用散度定理 C^1 向量 $w := u \nabla v$ 得出的结果。为了证明（6–41），我们注意到

$$v\nabla\cdot(g\nabla u)=(vg)\Delta u+v\nabla g\cdot\nabla u,\quad \left.\frac{\partial(vg)}{\partial n}\right|_{\partial\Omega}=\left.\left(g\frac{\partial v}{\partial n}+v\frac{\partial g}{\partial n}\right)\right|_{\partial\Omega}=0 \tag{6-42}$$

由假设可以推导出

$$\int_\Omega v\nabla\cdot(g\nabla u)=\int_\Omega(vg)\Delta u+\int_\Omega v\nabla g\cdot\nabla u$$

$$=\int_\Omega[v\nabla g\cdot\nabla u-\nabla(vg)\nabla u]=-\int_\Omega g\nabla v\cdot\nabla u,$$

证明完成。

对于 $p\in(1,\infty)$，我们定义

$$Au:=-\Delta u\ u\in D(A):=\left\{w\in W^{2,p}(\Omega):\frac{\partial w}{\partial n}=0\right\} \tag{6-43}$$

众所周知，对于 $p\in[1,\infty)$ 在每个 $L^p(\Omega)$ 元上生成一个正线性算子 C_0 的压缩半群 $\{T(t):=e^{-tA}:t\geqslant 0\}$。而且$-A$ 是对称的，因此每个 $T(t)$ 在 $L^\infty(\Omega)$ 上是收缩的。更确切地说，这里有

$\|T(t)f\|_p\leqslant\|f\|_p$ 及 $f\geqslant 0\Rightarrow T(t)f\geqslant 0$

对于 $p\in[1,\infty]$，所有的 $t\geqslant 0$ 及 $f\in L^p(\Omega)$

我们利用下面的估计，参考文献 [8]。

引理 6.4 假定 $m\in\{0,1\}$，$p\in[1,\infty]$ 及 $q\in(1,\infty)$。则存在一个正常数 C_1 使得

$$\|u\|_{m,p}\leqslant C_1\|(A+1)^\theta u\|_q\quad\forall u\in D((A+1)^\theta) \tag{6-44}$$

其中 $\theta\in(0,1)$ 满足

$$2\theta>m-N\left(\frac{1}{p}-\frac{1}{q}\right)$$

如果另外 $q\geqslant p$ 成立，则存在常数 C_2 及 $\gamma>0$ 使得

$$\|(A+1)^{\theta}e^{-t(A+1)}u\|_q \leqslant C_2 t^{-\theta-\frac{n}{2}\left(\frac{1}{p}-\frac{1}{q}\right)}e^{-\gamma t}\|u\|_p \; \forall u\in L^p(\Omega),\; t>0 \tag{6-45}$$

除此之外，对于任意的 $p\in(1,\infty)$ 及 $\varepsilon>0$，存在一个常数 C_3 及 $\mu>0$ 使得

$$\|(A+1)^{\theta}e^{-tA}\nabla\cdot u\|_p \leqslant C_3 t^{-\theta-\frac{1}{2}-\varepsilon}e^{-\mu t}\|u\|_p \quad \forall u\in L^p(\Omega),\; t>0 \tag{6-46}$$

我们可以用 young 的不等式来说明

$$ab\leqslant\frac{1}{p}a^p+\frac{1}{q}b^q,\; \forall a,\; b\geqslant 0,\; p,\; q\geqslant 1 \text{ 及 } \frac{1}{p}+\frac{1}{q}=1$$

在后面，我们固定一个常数 $k>N$ 及三个常数 $\{\theta,\ \theta_1,\ \theta_2\}$ 使得

$$(1+N/k)/2<\theta<1,\; N/(2k)<\theta_1<1,\; 1/2+\theta_1<\theta_2<1 \tag{6-47}$$

作为引理 6.4 的直接结果，我们有以下的估计：

$$\|u\|_{1,\infty}\leqslant C\cdot\|(A+1)^{\theta}u\|_k \quad \forall u\in D((A+1)^{\theta}) \tag{6-48}$$

$$\|u\|_{\infty}\leqslant C\cdot\|(A+1)^{\theta_1}u\|_k \quad \forall u\in D((A+1)^{\theta_1}) \tag{6-49}$$

及

$$\|(A+1)^{\theta_1}e^{-t(A+1)}u\|_k+\|(A+1)^{\theta_1}e^{-tA}\nabla\cdot u\|_k\leqslant C\cdot t^{-\theta_2}e^{-\gamma t}\|u\|_k \tag{6-50}$$

对于所有的 $t>0$，$u\in L^k(\Omega)$。在上面，$C>0$，$\gamma>0$ 是一些常量。

下面我们考虑（6-1）中在最大存在时间下 $T_{\max}$ 下的一个非负的经典的局部解 $0\leqslant(U,\ V)$。如下，我们修正 $\tau\in(0,\ T_{\max})$，并且令

$$M(\tau):=\|K_0+U_0\|_{1,\infty}+\|V(\tau)\|_{\infty}+\|(A+1)^{\theta}U(\tau)\|_k \tag{6-51}$$

$$W_i(t):=\sup_{\tau\leqslant s\leqslant t}\|v_i(s)\|_k,\; H(t):=\sup_{\tau\leqslant s\leqslant t}\|U(s)\|_{1,\infty}\; \forall t\in[\tau,\ T_{\max}) \tag{6-52}$$

由定义 $H(\cdot)$ 及 $W_i(\cdot)$ 是非减的。单调性后面会用到。定义

$$V_i(t):=\int_\Omega v_i(x,t)^k dx \tag{6-53}$$

我们的第一个结果给出了一种办法来估计 $\|V(\cdot)\|_\infty$ 的边界。凭借 $H(\cdot)$ 并结合 V 的 k-范数。

引理 6.5　假定（H3），则

$$\|v_i(t)\|_\infty \leqslant \|v_i(\tau)\|_\infty + C\cdot[1+H(t)W_i(t)^{\max\{\alpha_i,\gamma_i\}}]\ \forall t\in[\tau,T_{\max}) \tag{6-54}$$

其中 $C>0$ 是常数。

证明：令

$$\varphi(t):=d'_i v_i(t)+h(U,V)_i(t)\quad(t<T_{\max}) \tag{6-55}$$

由（H3）我们可以找到一个常数 $C_1\geqslant 0$ 使得

$$\varphi(t)\leqslant C_1+C_1 v_i(t)^{\gamma_i},\ \forall t\in[\tau,T_{\max}) \tag{6-56}$$

考虑一下 $t\in[\tau,T_{\max})$，利用常数公式对（6-1）的变易，我们得到

$$0\leqslant v_i(t)=\hat{T}_i(t-\tau)v_i(\tau)+X_1(t)+X_2(t) \tag{6-57}$$

其中 $\hat{T}_i(s):=e^{-d'_i(A+1)s}=e^{-d'_i s}T(d'_i s)$，并且

$$X_1(t):=-\int_\tau^t \hat{T}_i(t-s)\nabla\Big(\sum_{j=1}^m q_{ij}(U,V)\nabla u_j(s)\Big)ds,$$

$$X_2(t):=\int_\tau^t \hat{T}_i(t-s)\varphi(s)ds \tag{6-58}$$

因为 $\hat{T}_i(\cdot)$ 在 $L^\infty(\Omega)$ 上是收缩的，我们有

$$\|\hat{T}_i(t-\tau)v_i(\tau)\|_\infty\leqslant\|V_i(\tau)\|_\infty \tag{6-59}$$

除此之外，

$$\|X_1(t)\|_\infty\leqslant C\cdot\|(A+1)^{\theta_1}X_1(t)\|_k$$

$$\leqslant C\cdot\int_\tau^t \|(A+1)^{\theta_1}\hat{T}_i(t-s)\Big(\nabla\sum_{j=1}^m q_{ij}(U,V)\nabla u_j(s)\Big)\|_k \mathrm{d}s$$

$$\leqslant C\cdot\int_\tau^t (t-s)^{-\theta_2}e^{-\gamma(t-s)}\|\sum_{j=1}^m q_{ij}(U,V)\nabla u_j(s)\|_k \mathrm{d}s$$

$$\leqslant C\cdot\int_\tau^t (t-s)^{-\theta_2}e^{-\gamma(t-s)}\Big(\sum_{j=1}^m \|q_{ij}(U,V)\nabla u_j(s)\|_k\Big)\mathrm{d}s$$

$$\leqslant C\cdot\int_\tau^t (t-s)^{-\theta_2}e^{-\gamma(t-s)}H(s)\|1+v_i(s)^{\alpha_i}\|_k \mathrm{d}s$$

$$\leqslant C\cdot(1+H(t)W_i(t)^{\alpha_i})\int_\tau^t (t-s)^{-\theta_2}e^{-\gamma(t-s)}\mathrm{d}s$$

(由H，W_i的单一性)

$$\leqslant C\cdot\Gamma(1-\theta_2)\cdot(1+H(t)W_i(t)^{\alpha_i}) \tag{6-60}$$

其中Γ（·）是普通的伽马函数。

另一方面，由式（6-56）可得

$$X_2(t)\leqslant C_1X_3(t),\ X_3(t):=\int_\tau^t \hat{T}_i(t-s)\tilde{\varphi}(s)\mathrm{d}s,\ \tilde{\varphi}(s):=1+v_i(s)^{\gamma_i} \tag{6-61}$$

注意到

$$\|X_3(t)\|_\infty\leqslant C\cdot\|(A+1)^{\theta_1}X_3(t)\|_k$$

$$\leqslant C\cdot\int_\tau^t \|(A+1)^{\theta_1}\hat{T}_i(t-s)\tilde{\varphi}(s)\|_k \mathrm{d}s$$

$$\leqslant C\cdot\int_\tau^t (t-s)^{-\theta_2}e^{-\gamma(t-s)}\|\tilde{\varphi}(t-s)\|_k \mathrm{d}s$$

$$\leqslant C\cdot\int_\tau^t (t-s)^{-\theta_2}e^{-\gamma(t-s)}(1+\|v_i(s)\|_k^{\gamma_i})\mathrm{d}s$$

$$\leqslant C\cdot(1+W_i(t)^{\gamma_i})\int_\tau^t (t-s)^{-\theta_2}e^{-\gamma(t-s)}\mathrm{d}s$$

$$\leqslant C\cdot\Gamma(1-\theta_2)\cdot(1+W_i(t)^{\gamma_i}) \tag{6 - 62}$$

由式(6 - 57)及式(6 - 61)我们可得

$$0 \leqslant v_i(t) \leqslant \hat{T}_i(t-\tau)v_i(\tau) + X_1(t) + C_1X_3(t) \qquad (6-63)$$

联系式(6－59)，式(6－60)及式(6－62)，我们从式(6－63)可得

$$\| v_i(t) \|_\infty \leqslant \| v_i(\tau) \|_\infty + C \cdot (1 + H(t) W_i(t)^{\max\{\alpha_i, \gamma_i\}}),$$

得出(6－54)。这就完成了证明。

我们的下一个结果显示，我们可以用V的k－范数来控制H。

引理 6.6　下式成立

$$H(t) \leqslant C \cdot [1 + \max_{1\leqslant i\leqslant n} W_i(t)^{\beta_i}], \quad \forall t \in [\tau, T_{\max}) \qquad (6-64)$$

证明：一方面，我们利用常数公式的变化

$$u_i(t) = T_i(t-\tau)u_i(\tau) + U_1(t), \quad U_1(t) := \int_\tau^t T_i(t-s)\varphi(s)\,\mathrm{d}s \qquad (6-65)$$

其中

$$T_i(s) := e^{-d_i(A+1)s} = e^{-d_i s}T(d_i s), \quad \varphi(s) := d_i u_i(s) + g(U, V)_i(s) \qquad (6-66)$$

对于$s \geqslant \tau$我们有

$$\begin{aligned}\| \varphi(s) \|_k &\leqslant d_i \| u_i(s) \|_k + \| g(U, V)_i(s) \|_k \\ &\leqslant C \cdot (M(\tau) + \max_{1\leqslant j\leqslant n} \| v_j(s)^{\beta_j} \|_k) \\ &\leqslant C \cdot (M(\tau) + \max_{1\leqslant i\leqslant n} W_i(s)^{\beta_i})\end{aligned} \qquad (6-67)$$

因此，

$$\begin{aligned}\| U_1(t) \|_{1,\infty} &\leqslant C \cdot \| (A+1)^\theta U_1(t) \|_k \\ &\leqslant C \cdot \int_\tau^t \| (A+1)^\theta T_i(t-s)\varphi(s) \|_k \mathrm{d}s \\ &\leqslant C \cdot \int_\tau^t (d_i(t-s))^{-\theta} e^{-\gamma d_i(t-s)} \| \varphi(s) \|_k \mathrm{d}s\end{aligned}$$

$$\leqslant C\cdot\int_{\tau}^{t}(d_i(t-s))^{-\theta}e^{-\gamma d_i(t-s)}\cdot$$

$$(M(\tau)+\max_{1\leqslant i\leqslant n}W_i(s)^{\beta_i})\,ds$$

$$\leqslant C\cdot(M(\tau)+\max_{1\leqslant i\leqslant n}W_i(t)^{\beta_i})\cdot\int_{0}^{\infty}(d_is)^{-\theta}e^{-\gamma d_is}ds$$

（由每一个 W_i 的单调性）

$$\leqslant C\cdot\Gamma(1-\theta)(M(\tau)+\max_{1\leqslant i\leqslant n}W_i(t)^{\beta_i}) \tag{6-68}$$

在上面的例子中，常数 C 可能会在不同的行之间变化，但它只依赖于 k 和 $M(\tau)$。

另一方面，我们有

$$\|T_i(t-\tau)u_i(\tau)\|_{1,\infty}\leqslant C\cdot\|T_i(t-\tau)(A+1)^{\theta}u_i(\tau)\|_k$$
$$\leqslant C\cdot\|(A+1)^{\theta}u_i(\tau)\|_k \tag{6-69}$$

对于最后一个不等式我们利用每一个 $T_i(\cdot)$ 在 $L^k(\Omega)$ 上都是收缩的。联合式（6-68），式（6-69）及式（6-65），我们得到式（6-64）。

为了证明引理 6.1 我们也需要下面的估计结果。

引理 6.7　固定 $T<T_{\max}$ 及指数 i，令

$$\delta_i:=\alpha_i-1 \tag{6-70}$$

假设 $r>0$ 及 $k>N$ 使得

$$r/N>\{\delta_i,(\gamma_i-1)/2\},\ (1+2r/(kN))(1-2/N)<1 \tag{6-71}$$

$$\sup_{0\leqslant t\leqslant T}\|v_i(t)\|_r<\infty \tag{6-72}$$

则下面估计成立：

$$\|v_i(t)\|_k\leqslant C\cdot\max\{1+\|v_i(0)\|_k,H(t)^{\kappa_i}\}\quad\forall t\leqslant T \tag{6-73}$$

其中

$$\kappa_i:=1/(r/N-\delta_i)>0 \tag{6-74}$$

证明：我们有

$$\dot{V}_i(t)/k=\int_\Omega v_i^{k-1}(v_i)_t=E_1+E_2+E_3,$$

其中

$$E_1:=d'_i\int_\Omega v_i^{k-1}\Delta v_i\mathrm{d}x,\ E_2:=-\int_\Omega v_i^{k-1}\nabla\cdot\left(\sum_{j=1}^m q_{ij}(U,V)\nabla u_j\right)\mathrm{d}x,$$

$$E_3:=\int_\Omega v_i^{k-1}h(U,V)_i\mathrm{d}x$$

我们有

$$\begin{aligned}E_1&=-d'_i\int_\Omega(\nabla v_i^{k-1})\cdot\nabla v_i\mathrm{d}x\\&=-4d'_i(k-1)k^{-2}\int_\Omega|\nabla v_i^{k/2}|^2\end{aligned} \tag{6-75}$$

$$\begin{aligned}E_2&=\int_\Omega\left(\sum_{j=1}^m q_{ij}(U,V)\nabla u_j\right)\cdot\nabla v_i^{k-1}\mathrm{d}x\\&\leqslant\int_\Omega\left(\sum_{j=1}^m|q_{ij}(U,V)|\cdot|\nabla u_j|\cdot|\nabla v_i^{k-1}|\right)\mathrm{d}x\\&\leqslant C_q(k-1)H(t)\int_\Omega v_i^{k-2}(1+v_i^{\alpha_i})|\nabla v_i|\mathrm{d}x\end{aligned} \tag{6-76}$$

因此

$$\begin{aligned}C_qH(t)(1+v_i^{\alpha_i})|\nabla v_i|&\leqslant C_q^2H(t)^2(1+v_i^{\alpha_i})^2/d'_i+(d'_i/2)|\nabla v_i|^2\\&\leqslant 2C_q^2H(t)^2(1+v_i^{2\alpha_i})/d'_i+(d'_i/2)|\nabla v_i|^2\end{aligned}$$

我们有

$$\dot{V}_i(t)/k\leqslant G_i+E_3+Z_i \tag{6-77}$$

其中

$$G_i:=\rho(t)\|v_i^{k-2}+v_i^{k-2+2\alpha_i}\|_1\text{及}\quad\rho(t):=[2(k-1)C_q^2H(t)^2/d'_i] \tag{6-78}$$

并且

$$Z_i := -2d'_i(k-1)k^{-2}\int_\Omega |\nabla v_i^{k/2}|^2 \mathrm{d}x \tag{6-79}$$

为了估计E_3，我们利用（H3）来寻找常数$C_1 > 0$使得$h(U, V)_i \leqslant C_1 + C_1 v_i^{\gamma_i}$。接下来

$$E_3 \leqslant \int_\Omega v_i^{k-1}(C_1 + C_1 v_i^{\gamma_i})\,\mathrm{d}x \tag{6-80}$$

另一方面，我们选择$p := 1 + 2r/(kN) > 1$，即，$r = kN(p-1)/2$，可以得到

$$\delta := (k/r - 1 + 2/N)/(pk/r - 1) = 1 \tag{6-81}$$

此外，我们从条件(6－71）推断出$p(1-2/N) < 1$，并且下式成立

$$pk = k + 2r/N > k + \max\{2\delta_i, \gamma_i - 1\} \tag{6-82}$$

因此，我们由引理3.2及条件(6－72）可得

$$Z_i \leqslant c_1 - c_2 \cdot \| v_i^{pk} \|_1 \tag{6-83}$$

其中$c_1 > 0$，$c_2 > 0$是常数(同样依赖L值)。

联系（6－77)，（6－80）及(6－83)，我们得到存在两个正常数C_2，C_3使得

$$\dot{V}_i(t) \leqslant C_2 \cdot \| 1 + v_i^{k-1} + v_i^{k-1+\gamma_i} \|_1 + \rho(t) \| v_i^{k-2} + v_i^{k-2+2\alpha_i} \|_1 - C_3 \cdot \| v_i^{pk} \|_1 \tag{6-84}$$

在条件（6－82）下我们可以利用Young’s不等式。例如，我们获得

$$\rho(t) \| v_i^{k-2+2\alpha_i} \|_1 \leqslant C'_3 \cdot \rho(t)^{1-(k+2(\alpha_i-1))/(pk)} + (C_3 \cdot \| v_i^{pk} \|_1)/8$$

利用一些合适的常数$C'_3 > 0$。最后，我们由式(6－84）可得

$$\dot{V}_i(t) \leqslant C_4[1 + \rho(t)^{\sigma_i}] - C_5 \cdot \| v_i^{pk} \|_1 \tag{6-85}$$

其中 $C_4 > 0$，$C_5 > 0$ 是两个常数，并且 $\sigma_i =$

$pk/[pk-(k+2(\alpha_i-1))]>0$，利用 Hölder's 不等式我们有

$$V_i(t)=\|v_i^k\|_1\leqslant|\Omega|^{1-1/p}\cdot\|v_i^{pk}\|_1^{1/p}$$

因此，

$$\dot{V}_i(t)\leqslant C_4[1+\rho(t)^{\sigma_i}]-C_6\cdot V_i(t)^p \qquad (6-86)$$

其中常数 $C_6>0$。以上说明如果 $C_6V_i(t)^p>C_4[1+\rho(t)^{\sigma_i}]$ 成立则 $V_i(t)$ 是递减的。因此，我们很容易从（6－86）式得出以下估计：

$$\|v_i(t)\|_k=V_i(t)^{1/k}\leqslant C\cdot\max\{1+\|v_i(0)\|_k,\ \rho(t)^{\kappa_i/2}\}$$

（6-87）

其中 $\kappa_i=2\sigma_i/(pk)=1/(r/N+1-\alpha_i)$ 由（6-74）给出。因为 $\rho(t)=[2(k-1)C_q^2H(t)^2/d'_i]$（见（6-78）），我们从（6-87）中可以得到(6-73)中想要的结果。

固定 i 并令 $\underline{w}:=0$，$\bar{w}:=\max\{K,\|u_{i0}\|_\infty\}$ 并由 $W_i=0$，$\bar{U}_i:=\bar{w}$ 来定义两个向量 W 及 $\bar{U}$ 并且如果 $k\neq i$ $W_k=\bar{U}_k:=U_k$，由（H1），我们得到 $g(\bar{U},V)_i\leqslant 0\leqslant g(W,V)_i$，因此

$$\partial_t\bar{w}-[d_i\Delta\bar{w}+g(\bar{U},V)_i]\geqslant 0\geqslant\partial_t w-[d_i\Delta w+g(W,V)_i]$$

由比较原理可得 $0=w\leqslant u_i\leqslant\bar{w}$。每个 v_j 结果的非负性也来自于比较原理和（H1）。

为了证明定理 6.1-(i)，我们假设存在一个常数 $r>r_c$，使得

$$L(T)=\sup_{0\leqslant t\leqslant T}\|V(t)\|_r<\infty\ \forall\ T<T_{\max} \qquad (6-88)$$

我们把 $k>N$ 看得很大，使得 $(1+2r/(kN))(1-2/N)<1$。我们想证明 $H(t)$ 的有界性。我们的证明思想是基于下面的自助法，类似于 alikakos-moser 迭代过程：首先我们利用方程 $H(\cdot)$ 的优点来估计 V 的 k 范数。然后我们利用已经得到的 V 的 k 范数来估计 $H(\cdot)$，最后

我们用一个基本的论证，得出我们想要的结果。

固定 $\tau\in(0, T_{max})$ 及 T，$\tau<T<T_{max}$，令 $t\in[\tau, T]$，首先，我们利用引理 4.5，则有

$$W_i(t)=\sup_{\tau\leqslant s\leqslant t}\|v_i(s)\|_k\leqslant C\cdot(1+H(t)^{\kappa_i}),\ \forall t\leqslant T \tag{6-89}$$

其中 $\kappa_i=1/(r/N+1-\alpha_i)>0$。其次，我们利用引理 4.4 并联合（6-89）得到

$$H(t)\leqslant C_T\cdot(1+H(t)^{\mu})\ \forall t\leqslant T \tag{6-90}$$

其中 C_T 是一个依赖于 $L(T)$ 的常数，并且

$$\mu:=\max_{1\leqslant i\leqslant n}(\beta_i\kappa_i)=\max_{1\leqslant i\leqslant n}\beta_i/(r/N+1-\alpha_i)<1 \tag{6-91}$$

因为 $r>r_c$，分别考虑 $H(t)\leqslant 1$ 及 $H(t)>1$ 的情况，我们从（6-90）推导出

$$H(t)\leqslant\max\{1,(2C_T)^{1/(1-\mu)}\},\ \forall t\leqslant T$$

通过再次利用引理 6.4.5，得到 $W_i(t)$ 一致有界的，同样对于所有的 $t\leqslant T$ 通过利用引理 6.4.3 可得 $\|V(t)\|_{\infty}$。且 $T_{max}=+\infty$，从而证明了定理 6.1-(i)。

为了证明定理 6.1-(ii)，我们假设（H4）成立。由定理 6.1-(i)，我们只需要建立 V 的 L^1 范数的有界性。最后，我们考虑

$$X(t):=\int_{\Omega}f(t,x)\mathrm{d}x,\ f(t,x):=\langle B,(U,V)(t,x)\rangle\ (x\in\Omega,\ t<T_{max}) \tag{6-92}$$

因为向量 B 是严格正的，我们可以找到一个正常数 c_1 使得

$$\|V(t,x)\|_1\leqslant c_1X(t)\quad\forall t<T_{max} \tag{6-93}$$

我们将确立 $X(t)$ 的有界性。利用（6-40）（见引理 4.5 的证明）的计算结果，则

$$\dot{X}\leqslant\int_{\Omega}\langle B,(g,h)(U(t,x),V(t,x))\rangle\mathrm{d}x \tag{6-94}$$

在（H4）中利用（6-9）可得 $\langle B,\ (g,\ h)\ (U\ (t,\ x),\ V\ (t,\ x))\rangle \leq b_1+b_2 f(t,\ x)^{\alpha}-b_2 f\ (t,\ x)$。这意味着

$$\dot{X}(t) \leqslant b_1 |\Omega| + b_1\int_{\Omega} f(t,\ x)^{\alpha}\mathrm{d}x - b_2X(t) \leqslant b_3(1 + X(t)^{\alpha}) = b_2X(t) \tag{6-95}$$

其中 $b_3 := b_1|\Omega| + b_1|\Omega|^{1-\alpha}$。在上一次的估计中，我们利用了 hölder 不等式，$\alpha<1$，如果 $b_1=0$ 则 $b_3=0$ 及 $\dot{X}(t)\leqslant 0$，这意味着对于所有的 $t<T_{\max}$ 有 $X(t)\leqslant X(0)$。考虑 $b_2>0$ 的情况，令 $y_0>0$ 则有

$$b_3(1+y^{\alpha})-b_2y<0,\quad \forall y>y_0$$

很常规的可以得到

$$X(t)\leqslant X(0)+y_0,\quad \forall t<T_{\max} \tag{6-96}$$

因此，我们可以证实在 $b_1=0$ 或者 $b_2>0$ 时 $X(t)$ 是一致有界的。

考虑另外的情形 $b_2=0$，如果 $X(t)>1$，则我们从（6-95）可得 $\dot{X}(t)\leqslant 2b_3X(t)^{\alpha}$。并且得到

$$\frac{\mathrm{d}}{\mathrm{d}t}X(t)^{1-\alpha}=(1-\alpha)X(t)^{-\alpha}\dot{X}(t)<2b_3$$

则对于所有的 $t<T_{\max}$，$X(t)\leqslant X(0)+1+2b_3t$ 成立。这就完成了定理 6.1 的证明。

6.5 本章小节

本章研究了一般具有趋化性的多种群反应扩散系统解的有限时间爆破问题。我们的结果表明，爆破等价于 r 超过某个临界值 r_c 的解的 L^r-

范数的爆破。在非常宽松的条件下，依据 gagliardo-nirenberg 不等式的一个变形给出了 r_c的估计，并给出了一类与 alikakos-Moser 迭代过程非常相似的自助法。

结　论

本书主要研究了几类带食饵趋化项的捕食—食饵模型的动力学性质，我们得到了全局解的存在性、有界性及常数平衡解的稳定性变化。具体包括以下几个方面工作：

（1）研究了在光滑有界区域中，在齐次 Neumann 边界条件下带有食饵—趋化的四种群捕食—食饵扩散模型，其中两类捕食者竞争一类食饵。对于随机扩散及食饵趋化扩散系统分别刻画了系统的耗散结构和模式生成问题。事实上，食饵趋化的引入使得三种群的捕食—食饵扩散系统的动力学性质变得更为复杂。我们证明了在更一般的食饵趋化限制条件下，系统解的全局存在性和一致有界性，相较于已有的两种群模型的有界性证明，这个结果更有适用性，涵盖二种群、三种群及四种群模型。同时将其应用在一个古典的两种群捕食—食饵趋化模型中。

（2）考虑了在齐次 Neumann 边界条件下带有食饵趋化的三种群捕食—食饵扩散模型，第一类模型中，两类捕食者是合作关系且均被食饵吸引；第二类模型中，两类捕食者竞争一类食饵，食饵被消耗且不可再生。我们利用前面四种群系统的结果得到了系统非负解的全局存在性和一致有界性，同时研究了食饵趋化对系统动力学性质的影响：当食饵趋化敏感系数较小时，系统的正平衡解的稳定性没有受到影响，但是当食饵趋化敏感系数较大时，正平衡解不再稳定，系统出现非常数的时空模式。注意到数学模型中常数正平衡解的稳定性表明种群之间是齐次分布的，而非常数时空模式的出现表明了系统丰富的动力学性质。

（3）在总结前面分析的结果基础上，我们考虑了在齐次 Neumann 边界条件下一般三种群捕食—食饵扩散趋化模型的分歧问题：利用 Grandell-Rabinwoitz 分歧定理，以食饵趋化敏感系数（或者捕食者趋化敏感系数）为参数，我们分析了系统在正常数平衡解处的稳态分歧解，得到系统产生非常数正稳态解的分歧值食饵趋化敏感系数（或者捕食者趋化敏感系数），进而表明带有两个食饵趋化三种群系统的丰富动力学性质。同时我们分析了二阶带时标的非线性奇异动力方程边值问题的正解，利用锥上的混合单调不动点定理，我们得到了正解的存在性和唯一性，其中方程的非线性项可能是奇异的，并举例说明相应的结果。

本书的主要创新点如下：

（1）我们利用半群理论及拟线性抛物方程工具以及自助法，证明了在非常宽松的条件下，带有食饵趋化的四种群捕食—食饵扩散系统解的全局存在性和一致有界性。这个结果改进许多已知的结论，并成功应用于很多二种群和三种群系统。

（2）食饵趋化的引入使得三种群的捕食—食饵扩散系统的动力学性质变得更为复杂。我们分析了食饵趋化对系统非负态稳态解的稳定性影响，发现食饵趋化既能促进也可以抑制系统空间的模式生成，这与已有的食饵趋化对二种群捕食—食饵扩散系统只有稳定化效应的结果有很大的不同。

（3）利用抽象的全局分歧理论，我们给出了带有食饵趋化的二种群古典 Ronsenzwing-MacArthur 捕食食饵系统的全局稳态分歧框架，补充并完善了二种群捕食—食饵系统的已有动力学性质。

本书的后续工作可以考虑如下几个方面：

（1）趋化扩散是一种定向扩散，另一种常见的定向运动是对流扩散，我们将进一步研究带有对流项的捕食—食饵系统的动力学行为，通过比较趋化和对流的差异，我们刻画随机扩散与定向扩散的结合对捕食—食饵系统所产生的影响。

（2）在三种群的研究中，根据 Routh 法则判断特征值符号要更为复杂，本文的分析结果只是针对具体的非线性项，因此，接下来的工作要在更为一般的非线性增长函数、非线性功能反应函数的框架下研究，以得到通用性的判定依据。

（3）希望与化学、物理及生物等院系合作，根据他们提供的真实数据建立更为精确的扩散模型，从而利用我们的理论分析解释及预测更为有效的实际现象。

参考文献

[1] Shigesada N, Kawasaki K, Teramoto E. Spatial Segregation of Interacting Species [J]. Journal of Theoretical Biology, 1979, 79 (1): 83-99.

[2] Perc M, Szolnoki A, Szabo G. Cyclical Interactions with Alliance-Specifific Heterogeneous Invasion Rates [J]. Physical Review E Statistical Nonlinear Soft Matter Physics, 2007, 75 (1): 052-102.

[3] Szolnoki A, Mobilia M, Jiang L L, et al. Cyclic Dominance in Evolutionary Games: a Review [J]. Journal of the Royal Society Interface, 2014, 11 (100) .

[4] Cantrell, Cosner R S , Chris. Spatial Ecology via Reaction-Diffusion Equations (Wiley Series in Mathematical Computational Biology) [J]. John Wiley Sons Inc, 2013.

[5] Holmes E E, Lewis M A, Banks J E, et al. Partial Differential Equations in Ecology: Spatial Interactions and Population Dynamics [J]. Ecology, 1994, 75 (1): 17-29.

[6] Murray J D. Mathematical Biology. 2nd ed [M]. Springer-Verlag, New York, 2002.

[7] Lockwood, Julie L, Hoopes, et al. Invasion Ecology [M]. Wiley-Blackwell, 2013.

[8] Kareiva P . Biological invasions: Theory and practice [J]. Nanako Shigesada and Kohkichi Kawasaki Oxford University Press (Oxford series in ecology and evolution), 1997, 12 (10): 0-414.

[9] Wang Z C, Li W T, Ruan S. Existence and Stability of Traveling Wave Fronts in Reaction Advection Diffusion Equations with Nonlocal Delay [J]. Journal of Differential Equations, 2007, 238 (1): 153-200.

[10] J, Craze P. G, Harman H. M, et al. The Effect of Propagule Size on the Invasion of an Alien Insect [J]. Journal of Animal Ecology, 2010, 74 (1): 50-62.

[11] Amann H. Dynamic Theory of Quasilinear Parabolic Equations Ⅱ [J]. Reaction Diffusion Systems Differential Integral Equations, 1990, 3 (1990): 13-75.

[12] Amann H. Nonhomogeneous Linear and Quasilinear Elliptic and Parabolic Boundary Value Problems [M]. Function Spaces, Differential Operators and Nonlinear Analysis. Vieweg+Teubner Verlag, 1993.

[13] Du Y, Lin Z G, Erratum. Spreading-Vanishing Dichotomy in the Diffusive Logistic Model with a Free Boundary [J]. Journal of Differential Equations, 2011, 250 (12): 4336-4366.

[14] Du Y, Guo Z, Peng R. A Diffusive Logistic Model with a Free Boundary in Time Periodic Environment [J]. Journal of Functional

Analysis, 2013, 265 (9): 2089-2142.

[15] Lei C, Lin Z, Wang H. The Free Boundary Problem Describing Information Diffusion in Online Social Networks [J]. Journal of Differential Equations, 2013, 254 (3): 1326-1341.

[16] Zhou P, Xiao D. The Diffusive Logistic Model with a Free Boundary in Heterogeneous Environment [J]. Journal of Differential Equations, 2014, 256 (6): 1927-1954.

[17] Du Y, Liang X. Pulsating Semi-Waves in Periodic Media and Spreading Speed Determined by a Free Boundary Model [J]. Annales De Linstitut Henri Poincare, 2015, 32 (2): 279-305.

[18] Wang M. The Diffusive Logistic Equation with a Free Boundary and Sign-Changing Coefficient [J]. Journal of Differential Equations, 2015, 258 (4): 1252-1266.

[19] Turing A M. The Chemical Basis of Morphogenesis [J]. Bulletin of Mathematical Biology, 1952, 237 (641): 37-72.

[20] Keller E F, Segel L A. Initiation of Slime Mold Aggregation Viewed as an Instability [J]. Journal of Theoretical Biology, 1970, 26 (3): 399.

[21] Yi F Q, Wei J J, Shi J P. Bifurcation and Spatiotemporal Patterns in a Homogeneous Diffusive Predator-Prey System [J]. Journal of Differential Equations, 2009, 246 (5): 1944-1977.

[22] Hsu S B. On Global Stability of a Predator-Prey System [J]. Mathematical Biosciences, 1978, 39 (1): 1-10.

[23] Robert M May. Limit Cycles in Predator-Prey Communities [J].

Science, 1972, 177 (4052): 900-902.

[24] Cohen J C, Pertsemlidis A, Fahmi S, et al. Multiple Rare Variants in NPC1L1 Associated with RedMurray J D. Mathematrca Biology [M]. Springer-Verlag, New York, 2002.

[25] Wang J F, Shi J P, Wei J J. Predator-Prey System with Strong Allee Affect in Prey [J]. Journal of Mathematical Biology, 2011, 62 (3): 291-331.

[26] Cheng K S. On the Uniqueness of a Limit Cycle for a Predator-Prey System [J]. Siam Journal on Mathematical Analysis, 1988, 12 (4): 541-548.

[27] Wang X, Zanette L, Zou X. Modelling the fear effect in predator-prey interactions [J]. Journal of Mathematical Biology, 2016, 73 (5): 1-26.

[28] Aguirre P, Flores J D, Gonzalez-Olivares E. Bifurcations and Global Dynamics in a Predator-Prey Model with a Strong Allee Effect on Prey, and a Ratio Dependent Functional Response [J]. Nonlinear Analysis Real World Applications, 2014, 16 (4): 235-249.

[29] Gonzalez-Olivares E, Gonzalez-Yanez B, Mena-Lorca J, et al. Uniqueness of Limit Cycles and Multiple Attractors in a Gause-Type Predator-Prey Model with NonMonotonic Functional Response and Allee Effect on Prey [J]. Mathematical Biosciences and Engineering, 2013, 10 (2): 345-367.

[30] Tang X, Song Y. Cross-Diffusion Induced Spatiotemporal Patterns in a Predator-Prey Model with Herd Behavior [J]. Nonlinear Anal-

ysis Real World Applications, 2015, 24: 36-49.

[31] Ling Z, Zhang L, Lin Z G. Turing Pattern Formation in a Predator-Prey System with Cross Diffusion [J]. Applied Mathmatical Modelling, 2014, 38 (21-22): 5022-5032.

[32] Chang X, Wei J. Stability and Hopf Bifurcation in a Diffusive Predator-Prey System Incorporating a Prey Refuge [J]. Mathematical Biosciences Engineering, 2013, 10 (4): 979-996.

[33] Ni W, Wang M. Dynamics and Patterns of a Diffusive Leslie-Gower Prey-Predator Model with Strong Allee Effect in Prey [J]. Journal of Differential Equations, 2016, 261 (7): 4244-4274.

[34] Wang J F, Wei J J, Shi J P. Global Bifurcation Analysis and Pattern Formation in Homogeneous Diffusive Predator-Prey Systems [J]. Journal of Differential Equations, 2016, 260 (4): 3495-3523.

[35] Osaki K, Yagi A. Finite Dimensional Attractor for One-Dimensional Keller-Segel Equations [J]. Funkcialaj Ekvacioj, 2001, 44 (3): 441-469.

[36] Nagai T, Senba T, Yoshida K. Application of the Trudinger-Moser Inequality to A Parabolic System of Chemotaxis [J]. Funkc Ekvacioj, 1997, 40 (3): 411-433.

[37] Winkler M. Blow-up in A Higher-Dimensional Chemotaxis System Despite Logistic Growth Restriction [J]. Journal of Mathematical Analysis Applications, 2011, 384 (2): 261-272.

[38] Winkler M. Aggregation vs. Global Diffusive Behavior in the Higher-Dimensional Keller-Segel Model [J]. Journal of Differential Equa-

tions, 2010, 248 (12): 2889- 2905.

[39] Lin C S, Ni W M, Takagi I. Large Amplitude Stationary Solutions to A Chemotaxis System [J]. Journal of Differential Equations, 1988, 72 (1): 1-27.

[40] Liu P, Shi J P, Wang Z A. Pattern Formation of the Attraction-Repulsion Keller - Segel System [J]. Discrete and Continuous Dynamical Systems-B, 2013 (18): 2597-2625.

[41] Manjun M A, Wang Z A. Stationary Solutions of A Volume-Filling Chemotaxis Model with Logistic and Their Stability [J]. Siam Journal on Applied Mathematics, 2012, 72 (3): 740-766.

[42] Kareiva P, Odell G. Swarias of Predators Exhibit "Preytaxis" if Individual Predators Use Area Resestricted search [J]. American Naturalist, 1987 (130): 233-270.

[43] Lee J M, Hillen T, Lewis M A. Pattern Formation in Prey-Taxis Systems [J]. Journal of Biological Dynamics, 2009, 3 (6): 551-573.

[44] Jin H Y, Wang Z A. Global Stability of Prey-Taxis Systems [J]. Journal of Differential Equations, 2016, 262 (3): 1257-1290.

[45] Painter K J, Hillen T. Spatio-temporal Chaos in A Chemotaxis Model [J]. Physica D: Nonlinear Phenomena, 2011, 240 (4): 363-375.

[46] Wang X, Zou X F. Pattern Formation of a Predator-Prey Model with the Cost of Anti-Predator Behaviors. Math. Biol. Eng., 2018, 15: 775-805.

[47] Zanette L Y , White A F , Allen M C , et al. Perceived Predation

Risk Reduces the Number of Spring Songbirds Produce per Year [J]. Science, 2011, 334 (6061): 1398-1401.

[48] Ryan D and Cantrell R. Avoidance Behavior in Intraguild Predation Communities: A cross-diffusion model. Discrete and Continuous Dynamical Systems, 2015, 35: 1641-1663.

[49] Biktashev V N, Brindley J, Holden A V, et al. Pursuit-Evasion Predator-Prey Waves in Two Spatial Dimensions [J]. Chaos: An Interdisciplinary Journal of Nonlinear Science, 2004, 14 (4): 988-994.

[50] Lee J M, Hillen T, Lewis M A. Continuous Traveling Waves for Prey-Taxis [J]. Bulletin of Mathematical Biology, 2008, 70 (3): 654-676.

[51] Ainseba B, Bendahmane M, Noussair A. A Reaction-Diffusion System Modeling Predator-Prey with Prey-Taxis [J]. Nonlinear Analysis Real World Applications, 2008, 9 (5): 2086-2105.

[52] He X, Zheng S. Global Boundedness of Solutions in a Reaction-Diffusion System of Predator-Prey Model with Prey-Taxis [J]. Applied Mathematics Letters, 2015, 49: 73-77.

[53] Tao Y. Global Existence of Classical Solutions to a Predator-Prey Model with Nonlinear Prey-Taxis [J]. Nonlinear Analysis Real World Applications, 2010, 11 (3): 2056-2064.

[54] Wang X, Wang W, Zhang G. Global Bifurcation of Solutions for a Predator-Prey Model with Prey-Taxis [J]. Mathematical Methods in the Applied Sciences, 2015, 38 (3): 431-443.

[55] Wu S N, Shi J P, Wu B Y. Global Existence of Solutions and Uniform Persistence of a Diffusive Predator-Prey Model with Prey-Taxis [J].

Journal of Differential Equations, 2016, 260 (7): 5847-5874.

[56] Wang Q, Song Y, Shao L. Nonconstant Positive Steady States and Pattern Formation of 1D Prey-Taxis Systems [J]. Journal of Nonlinear Science, 2017, 27 (1): 71-97.

[57] Kuto K. Stability of Steady-State Solutions to a Prey-Predator System with CrossDiffusion [J]. Journal of Differential Equations, 2004, 197 (2): 293-314.

[58] Kuto K, Yamada Y. Multiple Coexistence States for a Prey-Predator System with Cross-Diffusion [J]. Journal of Differential Equations, 2004, 197 (2): 315-348.

[59] Peng R, Wang M, Yang G. Stationary Patterns of the Holling-Tanner Prey-Predator Model with Diffusion and Cross-Diffusion [J]. Applied Mathematics Computation, 2008, 196 (2): 570-577.

[60] Wang Y X, Li W T. Spatial Patterns of the Holling-Tanner Predator-Prey Model with Nonlinear Diffusion Effects [J]. Applicable Analysis, 2013, 92 (10): 2168-2181.

[61] Zhou J. Positive Steady State Solutions of a Leslie-Gower Predator-Prey Model with Holling type II Functional Response and Density-Dependent diffusion [J]. Nonlinear Analysis Theory Methods Applications, 2013, 82 (9): 47-65.

[62] Ling H, Mottoni P D. Persistence in Reacting-Diffusing Dystems: Interaction of Two Predators and One Prey [J]. Nonlinear Analysis, 1987, 11 (8): 877-891.

[63] Lin J J, Wang W, Zhao C, et al. Global Dynamics and Traveling

Ware Solutions of Two Predators-One Prey Models [J]. Discrete and Coutinuous Dynmical Systems-B, 2015, 20: 1135-1154.

[64] Loladze I, Kuang Y, Elser J J, et al. Competition and Stoichiometry: Coexistence of Two Predators on One Prey [J]. Theoretical Population Biology, 2004, 65 (1): 1-15.

[65] Ton T V, Hieu N T. Dynamics of Species in a Model with Two Predators and One Prey [J]. Nonlinear Analysis, 2010, 74 (14): 4868-4881.

[66] Loladze, Kuang Y, Elser J J , et al. Competition and Stoichiometry: Coexistence of Two Predators on One Prey [J]. Theoretical Population Biology, 2004, 65 (1): 1-15.

[67] Hsiao L, Mottoni P De. Persistence in Reacting-Diffusing Systems: Interaction of Two Predators and One Prey [J]. Nonlinear Analysis, 1987, 11 (8): 877-891.

[68] Tona T, Hieu N. Dynamics of species in a model with two predators and one prey. Nonlinear Analysis, 2011, 74 (1): 4868-4881 .

[69] Li C, Zhang G H. Global Existence of Classical Solutions to a Three-Species Predator-Prey Model With Two Prey-Taxis [J]. Applied Mathema tics, 2012, 702-713, 12 pages.

[70] Anderson D R. Solutions to Second Order Three-Point Problems on Time Scales [J]. Journal of Difference Equations and Applications, 2002, 8 (8): 673-688.

[71] Sun H R, Li W T. Positive Solution for Nonlinear Three-Point Boundary Value Problem On Time Scales [J]. Journal of Mathe-

matical Analysis and Applications, 2004, 299 (2): 508-524.

[72] Benchohra M, Ntouyas S K, Ouahab A. Existence Results for Second Order Boundary Value Problem of Impulsive Dynamic Equations on Time [J]. Journal of Mathematical Analysis and Applications, 2004, 296 (1): 65-73.

[73] Topal S G, Yantir A. Positive Solution of a Second Order M-Point Boundary Value Problem on Time Scales [J]. Nonlinear Dynamis and Systems Theory, 2009, 9 (2): 185-197.

[74] Lin X, Du Z. Positive Solutions of M-Point Boundary Value Problem for Second Order Dynamic Equations on Time Scales [J]. Journal of Difference Equations and Applications, 2008, 14 (8): 851-864.

[75] Sun J P. Twin Positive Solutions of Nonlinear First-Order Boundary Value Problems on Time scales [J]. Nonlinear Analysis: Theory, Methods & Applications, 2008, 68 (6): 1754-1758.

[76] Pang Y, Bai Z. Upper and Lower Solution Method for a Fourth-Order Four-Point Boundary Value Problem on Time scales [J]. Applied Mathematics and Computation, 2009, 215 (6): 2243-2247.

[77] Agarwal R P, Bohner M, O' Regan D. Time Scale Boundary Value Problems on Infifinite Intervals [J]. Journal of Computational and Applied Mathematics, 2002, 141 (1-2): 27-34.

[78] Chen H, Wang H, Zhang Q, Zhou T. Double Positive Solutions of Boundary Value Problems for P-Laplacian Impulsive Functional Dynamic Equations on Time Scales [J]. Computers & Mathematics with Applications, 2007, (10): 1473-1480.

[79] Atici F M, Topal S G. The Generalized Quasilinearization Method and Three Point Boundary Value Problems on Time Scales [J]. Applied Mathematics Letters, 2005, 18 (5): 577-585.

[80] Liang S, Zhang J. The Existence of Countably Many Positive Solutions for Nonlinear Singular M-Point Boundary Value Problems on Time Scales [J]. Journal of Computational and Applied Mathematics, 2009, 223 (1): 291-303.

[81] Liang S, Zhang J, Wang Z. The Existence of Three Positive Solutions of M-Point Boundary Value Problems for Some Dynamic Equations on Time Scales [J]. Mathematical and Computer Modelling, 2009, 49 (7-8): 1386-1393.

[82] Hu L. Positive Solutions to Singular Third-Order Three-Point Boundary Value Problems on Time Scales [J]. Mathematical and Computer Modelling, 2010, 51 (5-6): 606-615.

[83] Yaslan I. Multiple positive solutions for nonlinear three-point boundary value problems on time scales [J]. Computers & Mathematics with Applications, 2008, 55 (8): 1861-1869.

[84] Ma R, Luo H. Existence of Solutions For a Two-Point Boundary Value Problem on Time Scales [J]. Applied Mathematics and Computation, 2004, 150 (1): 139-147.

[85] Anderson D R, Guseinov G S, Hoffffacker J. Higher-order Self-Adjoint Boundary Value Problems on Time Scales [J]. Journal of Computational and Applied Mathematics, 2006, 194 (2): 309-342.

[86] Li C, Wang X, Shao Y. Steady States of a Predator-Prey Model

with Prey-Taxis [J]. Nonlinear Analysis Theory Methods Applications, 2014, 97 (97): 155-168.

[87] Tello J I, Wrzosek D. Predator-Prey Model with Diffusion and Indirect PreyTaxis [J]. Mathematical Models Methods in Applied Sciences, 2016, 26 (11): 2129- 2162.

[88] Chakraborty A, Singh M, Lucy D, et al. Predator-Prey Model with Prey-Taxis and Diffusion [J]. Mathematical Computer Modelling, 2007, 46 (3): 482-498.

[89] Tian X. Global Dynamics for a Diffusive Predator-Prey Model with Prey-Taxis and Classical Lotka-Volterra Kinetics [J]. Nonlinear Analysis Real World Applications, 2018, 39 (2018): 278-299.

[90] Gilbarg D , Trudinger N S . Elliptic Partial Differential Equations of Second Order [M]. Springer-Verlag, 1977.

[91] Evans L. Partial Differential Equations, Second edition [M]. Wadsworth Brooks/cole Mathematics, 2010, 19 (1): 211-223.

[92] Hsu S B, Waltman P. On a System of Reaction-Diffusion Equations Arising from Competition in an Unstirred Chemostat [J]. SIAM J. Appl. Math, 1993, 53 (1993): 1026-1044.

[93] Wang X, Wu Y. Qualitative Analysis on a Chemotactic Diffusion Model for Two Species Competing for a Limited Resource [J]. Quart. Appl. Math. 2002, 60 (3): 505-531.

[94] Zhang Z B. Coexistence and stability of solutions for a class of reaction-diffusion systems [J]. Electronic Journal of Differential Equations, 2005 (137): 357-370.

[95] Henry D. Geometric Theory of Semilinear Parabolic Equations, Lecture Notes in mathematics [M]. Springer-Verlag, Berlin-New York, 1981.

[96] Wang J F, Shi J P, Wei J J. Global Bifurcation Analysis and Pattern Formation Inhomogeneous Diffusive Predator-Prey Systems. Journal of Differential Equations, 2016, 260 (4): 3495-3523.

[97] Peter, Pang Y H , Wang M X. Strategy and Stationary Pattern in a Three-Species Predator Prey Model. Journal Differentia Equations, 2004, 200 (2): 245-273.

[98] Saleem M, Tripathi A K, Sadiyal A H. Coexistence of Species in a Defensive Switching Model, Math. Biosci. 2003, 145-164.

[99] Shi J P, Wang X F. On Global Bifurcation for Quasilinear Elliptic Systems on Bounded Domains. Journal of Dierential Equations, 2009, 2788-2812.

[100] Crandall M G, Rabinowitz P H. Bifurcation from Simple Eigenvalues. Journal of Functional Analysis, 1971, 8 (1971): 321-340.

[101] Guo D, Lakshmi V. Nonlinear Problems in Abstract Cones [M]. San Diego: Academic Press, 1988.

[102] Yuan C, Jiang D, O' Reganc D and Agarwal R P. Existence and Uniqueness of Positive Solutions of Boundary Value Problems for Coupled Systems of Singular Second-Order Three-Point Non-Linear Differential and Difference Equations [J]. Applicable Analysis, 2008, 87 (8): 921-932.

[103] Guo D. The Order Methods in Nonlinear Analysis [M]. Technical and Science Press, 2000.